*EDGAR HUNGER*

# Die Bildungsfunktion des Physikunterrichtes

EDGAR HUNGER

# Die Bildungsfunktion des Physikunterrichtes

Ein Beitrag zum Problem
der Stoffauswahl für höhere Schulen

 SPRINGER FACHMEDIEN WIESBADEN GMBH

Bei der redaktionellen Durchsicht dieser Arbeit wurden geringfügige Korrekturen
vorgenommen. Inhalt und Sinn änderten sich hierdurch jedoch hicht.

ISBN 978-3-322-98222-3          ISBN 978-3-322-98911-6 (eBook)
DOI 10.1007/978-3-322-98911-6

Alle Rechte vorbehalten von
Friedr. Vieweg & Sohn, Braunschweig

# Vorwort

Auf der Jahrestagung des Deutschen Vereins zur Förderung des mathematischen und naturwissenschaftlichen Unterrichts e. V. wurde 1957 in Freiburg ein Preisausschreiben „Die Stoffauswahl im naturwissenschaftlichen Unterricht der höheren Schulen" verkündet. Die vorliegende Arbeit wurde auf der Jahrestagung 1959 in Würzburg mit dem 1. Preis ausgezeichnet.

Die Arbeit stellt einen Beitrag zur philosophischen Vertiefung des naturwissenschaftlichen Unterrichts dar und ist ein Beispiel dafür, wie dieser Unterricht immer zu philosophischen Fragen führen muß und wie dabei auch die Grenzen naturwissenschaftlicher Erkenntnis bewußt gemacht werden und der Blick sich für Gebiete öffnet, die jenseits dieser Grenzen liegen. Aus dem Zusammenklang des philosophisch-pädagogischen Tuns könnte uns die Bildungsmitte wieder zurückgegeben werden, deren Verlust wohl das Grundproblem aller Bildungsarbeit heute überhaupt ist.

Die vorliegende Arbeit enthält zur Frage der Stoffauswahl im Physikunterricht neue Ideen, indem sie die Bildungsfunktion des Lehrstoffes zum Auswahlprinzip erhebt. Die Gedanken des Autors sind einleuchtend und sorgfältig begründet. Trotz Propagierung exemplarischer Lehrmethoden wird der entscheidend wichtige Systemcharakter der Physik nicht benachteiligt.

gez. *Dr. Fr. Mutscheller*
Oberstudiendirektor
1. Vorsitzender des Deutschen Vereins zur
Förderung des mathem. und naturwiss.
Unterrichtes

# Inhaltsverzeichnis

## Versuche zur Lösung des Stoffproblems

In der im Jahre 1955 erschienenen *Methodik des physikalischen Unterrichts* von *Karl Hahn* widmet der Verfasser dem Lehrstoffproblem ein ausführliches Kapitel. Er bemerkt dazu, daß dieses Problem eigentlich schon immer bestanden habe, daß es aber besonders dringend geworden sei, als nach dem ersten Weltkrieg die moderne Physik an den höheren Schulen Eingang fand. Aber nicht nur durch diese ist der Stoff beträchtlich angewachsen, sondern auch durch Gebiete, die durch ihre technischen Anwendungen Bedeutung erlangt haben.

Von den Möglichkeiten der Lösung des Stoffproblems, die *Hahn* nennt, interessieren in diesem Zusammenhang nur die fachmethodischen Lösungen, da diese allein in der Hand des Lehrers liegen, während die sogenannten organisatorischen Lösungsversuche auf amtliche Maßnahmen zurückgehen. Von ihnen sagt *Hahn,* „daß man nicht erwarten kann, daß das so ernste Lehrstoffproblem in der Physik durch organisatorische, amtlich verfügte Maßnahmen auch nur gelindert werden könnte" [1].

*Hahn* zeigt vier fachmethodische Lösungsversuche des Stoffproblems auf und zwar

1. von der Methode aus,

2. von der praktischen Seite aus,

3. vom Beispiel aus und

4. vom physikalischen System aus.

Auf die Lösung von der Methode aus wurde bereits durch die Didaktiker *Grimsehl* und *Poske* hingewiesen. Unter Ablehnung des

---

[1] *Karl Hahn,* Methodik des physikalischen Unterrichts, (Heidelberg 1955), S. 175.

Versuchs, dem Schüler einen Überblick über die ganze Physik zu geben, wurde es von diesen Männern als das wesentliche Anliegen des physikalischen Unterrichts angesehen, den Schüler in die wissenschaftliche Forschungsmethode einzuführen oder ihm wenigstens einen Einblick in diese zu verschaffen. Dabei sei es gleichgültig, welches Gebiet der Physik dafür ausgewählt wird. *Poske* — weniger radikal als *Grimsehl* — schlägt allerdings noch vor, außerdem dem Schüler kursorisch einen Überblick über die nicht eingehend behandelten Kapitel der Physik zu geben, indem man ihm einfach die Ergebnisse der wissenschaftlichen Forschung mitteilt.

Der Lösungsversuch von der praktischen Seite aus sieht eine Auswahl des Stoffes nach Gesichtspunkten seiner technischen Anwendung vor. Der dritte fachmethodische Lösungsversuch liegt im sogenannten exemplarischen Lehren vor. Unter Verzicht auf jede Systematik und Vollständigkeit soll dabei an einem beliebigen Beispiel soweit wie möglich in die Tiefe vorgedrungen und dabei Methode und Sinn der Physik erarbeitet werden.

Vom physikalischen System geht der vierte der von *Hahn* genannten Lösungsversuche des Stoffproblems aus. Er setzt voraus, „daß ein Überblick über die wichtigsten physikalischen Erkenntnisse auch rein stofflich gegeben wird" [2]. Allerdings soll man sich dabei „mit der Einführung in die grundlegenden Gesetze der verschiedenen physikalischen Gebiete und in die Grundlagen der wichtigsten Theorien" begnügen. Es genügt, wenn man „sich dabei *auf den kürzesten Weg der Errichtung der Pfeiler des physikalischen Systems beschränkt und sie da ausmünden läßt, wo sie sich im Weltbild zusammenschließen*" [3].

Die leitende Idee dieses Lösungsversuchs ist die, daß die Bildungsziele des Physikunterrichts erreicht werden. Diese sind

1. Einsicht in den Aufbau des physikalischen Systems zu gewinnen,
2. ein physikalisches Weltbild zu entwickeln und

---

[2] *Hahn*, a. a. O., S. 178.
[3] *Hahn*, a. a. O., S. 178.

3. die Verknüpfung der Physik mit den geisteswissenschaftlichen
   Fächern herzustellen und zu philosophischen Betrachtungen auf-
   zusteigen.

*Hahn* bemerkt dazu, daß es derselbe Stoff ist, an dem diese drei Ziele
verwirklicht werden können. In seiner Kritik der einzelnen Lösungsversuche weist *Hahn* darauf hin, daß sowohl der erste als auch der
dritte zu einer Zersplitterung des physikalischen Unterrichts in bezug
auf die behandelten Gebiete führen, weil es ganz in das Belieben des
Lehrers gestellt ist, welchen Stoff er auswählt, bzw. welchen er gründ-
lich und welchen er nur kursorisch behandelt. Zum exemplarischen
Lehren bemerkt er, daß dieses von den Lehrern der Physik an höheren
Schulen weitgehend abgelehnt wird. Der sogenannte Lösungsversuch
von der praktischen Seite aus, der in Deutschland nur in der Schul-
reform vom Jahre 1938 unternommen wurde, macht es unmöglich,
„die Ziele im physikalischen Unterricht anzustreben, die uns heute
wesentlich erscheinen" [4]. Bei diesem Versuch werden Sinn und
Bildungsaufgaben der Physik in entscheidender Weise verkannt.
*Hahn* hält nach Kritik der vorangehenden Versuche den vierten für
den allein möglichen und stellt auf seiner Grundlage einen stofflichen
Minimalplan auf.

Wenn wir selbst nun zu diesen Lösungsversuchen Stellung nehmen,
so kann diese Stellungnahme zunächst nur vorläufig sein, und es
kann sich bei ihr nur um einige kritische Bemerkungen handeln.

Diese erübrigen sich allerdings aus den oben schon genannten Gründen bei dem Lösungsversuch von der praktischen Seite aus.

Bei dem von *Grimsehl* und *Poske* angegebenen Auswahlgedanken
handelt es sich darum, daß der Schüler mit der Methode physikalischen
Denkens und Forschens bekanntgemacht wird. Die wissenschaftliche
Arbeit wird als der eigentliche Sinn des Unterrichts angesehen. Diese
Wissenschaftlichkeit, die die höhere Schule vor dem ersten Weltkrieg
kennzeichnete, ist zweifellos in hervorragender Weise geeignet, den
Schüler für Aufgaben vorzubereiten, die ihn auf der Universität

---

[4] *Hahn*, a. a. O., S. 176.

erwarten. Man nimmt dabei an, daß durch die wissenschaftliche Arbeit zugleich echte Bildung erreicht wird, d. h. daß sich dabei bildende Kräfte immanent entfalten, die entweder im Schüler selbst wirken oder ihn befähigen, von sich aus seinen geistigen Horizont zu weiten. Die Gefahr besteht natürlich darin, daß die Wissenschaft und besonders auch die Naturwissenschaft in ihren Möglichkeiten überschätzt wird, daß der Horizont in der Wissenschaftlichkeit verengt und der Spezialwissenschaftlichkeit Vorschub geleistet wird. Denn welcher Schüler ist wohl imstande, von sich aus die Brücke zu den anderen Fächern zu schlagen oder gar die kulturellen und philosophischen Probleme auch nur zu erahnen, die hinter der Front der Wissenschaftlichkeit liegen? Die Kenntnis der wissenschaftlichen Methoden kann immer nur *ein* Ziel jedes wissenschaftlichen Unterrichts in den höheren Schulen sein.

Die Gefahr der Fachbegrenzung, die in diesem in der Wissenschaftlichkeit des eigenen Faches befangenen Unterrichts lag, wurde von *Richert* klar erkannt, als er in seiner Reform die Konzentration zum Leitgedanken machte. Daß er sie allerdings vorwiegend unter kulturelle Gesichtspunkte stellte, bildete eine Verengung dieses so fruchtbaren Gedankens.

Von dem Vorschlag *Grimsehls* und *Poskes* unterscheidet sich der Lösungsversuch des exemplarischen Lehrens, der vor allem mit dem Namen *Martin Wagenschein* verknüpft ist, dadurch, daß durch dieses Lehren gerade die fachliche Enge überwunden werden soll. Am Exemplum soll nicht nur die Methode des Faches einsichtig gemacht werden, sondern es soll in solcher Tiefe behandelt werden, daß auch wissenschaftstheoretische und geistesgeschichtliche Probleme an ihm verdeutlicht werden können. Das Wesentliche dieses Lehrens aber besteht darin, daß der Schüler wirklich etwas Bleibendes als Besitz mitnimmt, von dem er im Innersten betroffen wird.

Eine Gefahr dieses Vorgehens besteht darin, daß der Systemaufbau außer acht bleibt und der Schüler auch nicht erfährt, was Systemdenken ist. Systemdenken ist aber eine charakteristische Form der modernen Wissenschaft. *Max Bense* hat in seiner Schrift *Philosophie als Forschung* darauf hingewiesen, daß der Weg der Wissenschaft

vom Problemdenken zum Systemdenken führe. „Gewisse Schwierigkeiten innerhalb der Gesamtheit wissenschaftlicher Probleme" bedingen den „Umschlag vom Problemdenken zum Systemdenken" [5].
Das bedeutet aber auch, daß die Lösung dieser Schwierigkeiten nicht
durch auch noch so intensive Bearbeitung des Problems, sondern erst
mit Hilfe des Systemdenkens möglich ist, ja der tiefere Grund der
Schwierigkeiten wird durch das System überhaupt erst einsichtig.

Der *Hahn*sche Lösungsversuch des Stoffproblems ist sicherlich derjenige, dem die Mehrzahl der Physiker die Zustimmung geben wird;
denn durch ihn erfahren alle Bildungsaufgaben des physikalischen
Unterrichts die ihnen gebührende Berücksichtigung. Betrachtet man
jedoch den Minimallehrplan, den *Hahn* aufstellt, so wird man finden,
daß die Stoffülle immer noch beachtlich ist. Man wird sich fragen, ob
es überhaupt möglich ist, neben der Erarbeitung des Systems noch
weitere umgreifende Ziele zu erreichen, bzw. sie anzustreben. Die
Arbeit im physikalischen Unterricht dient vorwiegend der Entwicklung
eines Gesamtsystems der Physik. Sie unterscheidet sich damit von
der Arbeit in der Mathematik; denn in dieser Wissenschaft denkt
niemand daran, in der Schule ein Gesamtsystem der Mathematik
vermitteln zu wollen. Die Arbeit am System wird immer wieder
unterbrochen durch Übungen, die nun nicht mehr der Entwicklung
des Systems, sondern der Vertiefung der Probleme und dem Ver-
trautmachen mit diesen Problemen dienen. Das Vorbild der reinen
Arbeit am System ist die Universitätsvorlesung, die der Schule nicht
als Vorbild dienen kann.

Eine weitere Problematik betrifft das physikalische System selbst.
Die sogenannten Pfeiler dieses Systems sind ja bis jetzt noch nicht
einmal durch die Forschung überbrückt worden. Viele dieser Pfeiler
ragen noch frei in den Raum. Und selbst dann, wenn sie schon von
der Wissenschaft überbrückt sind, so ist doch dieser Brückenschlag in
der Schule nicht möglich. Bei dem Ziel, ein System der Physik vermitteln zu wollen, besteht immer die Gefahr, daß — zwar in der Sicht
des Lehrers ein System — für den Schüler jedoch nur ein Schein-

---

[5] *Max Bense*, Philosophie als Forschung, (Köln 1947), S. 14.

gebäude errichtet wird, dessen Fundamente in bedenklicher Weise unsicher sind. Schon im Hinblick auf die neueste Physik muß man sich ernstlich fragen, ob hier ein Errichten von Pfeilern überhaupt noch für die Schule möglich ist; denn diese Pfeiler sind Theorien der theoretischen Physik, die vielleicht — und das bestenfalls — ansichtig gemacht, jedoch dem Schüler niemals in ihrer Bedeutung als Pfeiler einsichtig gemacht werden können.

Das Problem der Stoffauswahl steht damit erneut in aller Schwere vor uns. Soll man es lösen, indem man auf gewisse Ziele verzichtet? Aber auf welche Ziele und nach welchen Gesichtspunkten soll man verzichten? Wie sind sie auszuwählen, so daß dieser Verzicht zugleich Gewinn ist? Diese Frage soll den Gang der folgenden Untersuchung bestimmen.

## Bildung und Stoffproblem

Die Frage des Stoffproblems wird in der Regel so behandelt, daß ein bestimmtes Ziel des Physikunterrichts von vornherein als gegeben angesehen wird und man denjenigen Stoff auswählt, der zur Erreichung des Zieles für notwendig erachtet wird.

Der Abschnitt „Versuche zur Lösung des Stoffproblems" hat gezeigt, daß selbst in bezug auf dieses Ziel keine Einigkeit besteht; denn es ist offenbar nicht dasselbe, wenn ein Einblick in wissenschaftliche Forschungsmethoden vermittelt wird oder wenn ein wissenschaftliches System errichtet werden soll, das sich zum Weltbild schließt. Beide Ziele bedingen sich wenigstens nicht, wenn man sich auch vorstellen könnte, daß sie sich verbinden lassen.

Man muß sich nun fragen, wer denn dem Physikunterricht das Ziel setzen soll, wer darüber zu entscheiden hat, ob die Physik als Problem- oder als Systemphysik betrieben werden soll. Man wird natürlich geneigt sein, auf Universität und Hochschule hinzuweisen, die an die Abiturienten, die sie von der höheren Schule übernehmen, bestimmte Forderungen stellen. Man könnte annehmen, daß diese Forderungen gerade in erster Linie an den künftigen Physiker oder Diplomingenieur gestellt werden.

In Wirklichkeit liegen die Dinge jedoch erheblich anders. Das, was die Hochschulen bei den Abiturienten voraussetzen, ist keineswegs ein Wissen um bestimmte Gebiete, ist nicht einmal ein Überblick oder gar ein Systemaufbau der Physik. Bekanntlich bringt die meist fünfstündige Experimentalvorlesung in Physik, die sich über die ersten beiden Semester erstreckt, etwa den Stoff eines Oberstufenlehrbuches. Man braucht also eigentlich — streng genommen — diesen Stoff noch gar nicht durchgenommen zu haben. Man wird freilich einwenden, daß das Tempo der Durchnahme doch sehr schnell sei, so daß ein Student, dem der Stoff unbekannt ist, überhaupt nicht folgen könne.

Man kann jedoch ernstlich bezweifeln, ob es wirklich der schon bekannte Stoff ist, der das Mitkommen ermöglicht, oder nicht viel eher das Vertrautsein mit der naturwissenschaftlichen Denkweise..

Es dürfte ja auch kaum die Aufgabe der Schule sein, dadurch, daß sie den Universitätsstoff vorwegnimmt, den Schüler in die Rolle eines Wiederholers hineinzuversetzen, wie es überhaupt nicht ihre Aufgabe ist, den Physiker für sein Universitätsstudium spezialwissenschaftlich vorzubereiten. Jedenfalls ist die Vorbereitung des jungen Physikers auf die Universität durch die Schule nicht stofflicher Art. Die Universität setzt für ihre Vorlesungen keine bestimmten Stoffgebiete voraus, die von der Schule durchgenommen sein müssen; denn jene beginnt ja ganz von vorn. Das, was die Hochschule bei ihren Studenten voraussetzt, ist etwas ganz anderes als ein Stoffwissen, das sie von der Schule her mitbringen, und das, was sie voraussetzt, setzt sie für den künftigen Physiker genau so voraus wie für den künftigen Theologen, Historiker oder Juristen. Es geht der Hochschule in keinem Falle darum, daß der Abiturient, den sie übernimmt, eine schulgerecht reduzierte Spezialausbildung in Physik erhalten hat. Das bedeutet natürlich nicht, daß er überhaupt keine physikalische Ausbildung erhalten haben soll und daß er keinerlei physikalisches Wissen mitbringt. Wenn er es aber als bloßes Wissen mitbringt, wird die Hochschule in den meisten Fällen gern darauf verzichten. *Ernst Höhne* hat fünf Grundforderungen aufgestellt, die mit dem Begriff der Hochschulreife verknüpft sind:

„1. die Fähigkeit, einem Gedanken bis in eine gewisse Tiefe nachzugehen,

2. die Fähigkeit, sich auf einem breiten Feld von Kenntnissen und Erkenntnissen zu bewegen,

3. die Fähigkeit, über das Erkannte zu selbständigen gedanklichen Schlüssen zu gelangen,

4. die Fähigkeit, von persönlichen Wertvorstellungen aus zu urteilen, und schließlich

5. die Kunst, darüber zu einer bündigen Aussage zu kommen". [6].

---

[6] *Ernst Höhne*, Der Begriff der Hochschulreife, „Die höhere Schule" 11. Jahrgang, Heft 3, S. 50.

Diese Forderungen werden noch ergänzt durch bestimmte Anforderungen, die an den Charakter zu stellen sind, nämlich Gründlichkeit und Zuverlässigkeit, aber ebensosehr muß geistige Beweglichkeit gefordert werden.

Im allgemeinen werden wir auf der Schule nur die Voraussetzungen für die oben aufgestellten Forderungen schaffen können; wir werden sie anzustreben versuchen, ohne sie bei allen Schülern wirklich erreichen zu können. In klarer Weise ist durch die obengenannten Forderungen das charakterisiert, was wir im allgemeinen unter theoretischer Bildung verstehen. Sie setzt freilich voraus, daß ein bestimmtes Stoffwissen vorhanden ist, an dem sich die obengenannten Fähigkeiten erproben und bewähren können und müssen. Dieses Stoffwissen scheint zunächst kein Eigengewicht mehr gegenüber den bezeichneten Fähigkeiten zu besitzen. Es scheint zunächst gleichgültig zu sein, in welchem breiten Feld von Kenntnissen und Erkenntnissen die Fähigkeiten geübt und gesteigert werden. Wenn man jedoch die Forderungen in ihrer Gesamtheit betrachtet, so wird man bald bemerken, daß sie sich keineswegs an ganz beliebigen Stoffgebieten, etwa gar ganz abseitigen, verwirklichen lassen, sondern vorwiegend an denjenigen, die wir im Bildungsplan unserer höheren Schulen vorfinden. Und das ist kein Zufall.
Im wesentlichen verdanken diese Stoffe ihr schulisches Dasein einer Bildungsidee. Von ihr empfangen sie auch ihre letzte Legitimation.

Von welcher Bildungsidee aber? Bildungsideen sind ja doch wandelbar, und man spricht gerade in der heutigen Zeit davon, daß es nicht möglich sei, eine allgemein gültige Bildungsidee für unsere höhere Schulbildung aufzustellen. Und doch liegen die Dinge nicht so, daß niemand eine Vorstellung von dem besitzt, was Bildung überhaupt sei. Der Inhalt einer Bildungsidee mag zwar wandelbar sein und wandelbar auch das Menschenbild, in dem sie sich verkörpert; jedoch der Form nach ist Bildung immer dasselbe gewesen, die Hinbildung zum Menschsein, die Einbürgerung in eine Bildungswelt, wobei diese Welt durchaus nicht theoretischer Art zu sein brauchte.
*Paul Wilpert* sagt, daß Bildung darin bestehe, „daß der Mensch in einer bruchlosen Einheit seinen Standort in den Bereichen seines

Lebens sich selbst zu bestimmen vermag" [7]. Die Bereiche mögen
für die einzelnen Menschen verschieden sein. Es kommt auch nicht
auf die Größe dieser Bereiche an, wenn jemand als mehr oder weniger
gebildet bezeichnet wird. „Der Bildungswert", so sagt *Wilpert*, „soll
. . . . nicht von dem Umfang des bewältigten Bildungswissens ab-
hängen, sondern von der bruchlosen Einheit, mit der dieses Wissen
zum Bestandteil der Person geworden ist" [8].

Bildung zielt immer auf Seins- und Selbstverständnis, damit der
Mensch von diesem Standort aus im Sinne der Verwirklichung von
Werten handeln kann.

Die Welt, deren Verständnis der Mensch seit jeher erstrebte, war
schon immer die Natur, die Welt der unmittelbaren Sinneseindrücke.
Die Menschen aller Zeiten haben sich auf ihre Weise mit dieser Welt
auseinandergesetzt. Dabei ist das Wort „auseinandergesetzt" wörtlich
zu nehmen; denn immer handelte es sich bei dem Verstehenwollen
der Natur zunächst um ein Absetzen des Menschen von der Natur,
um ein ihr Gegenübertreten, um sie in rechter Weise in den Blick zu
bekommen. Das geschah im Mythos, in der Kunst und in der
Wissenschaft.

Die Welt, die den Menschen von heute umgibt, ist aber nicht mehr
nur diese schlichte Welt der Sinneseindrücke; es ist eine komplexe,
vom Menschen zubereitete Welt, eine Welt der Kultur und Zivilisa-
tion, die für den einzelnen kaum mehr durchschaubar ist. Aber in
dieser Welt gibt es Akzente. Es ist nicht immer sicher, ob wir — als
Zeitgenossen — sie schon dann verspüren, wenn sie gesetzt sind. Aber
sie sind die kulturformenden Kräfte einer Zeit. Durch diese wird die
Bildungsidee in entscheidender Weise bestimmt.

Es kann nicht Aufgabe dieser Darlegung sein, in eine kulturkritische
Betrachtung darüber einzutreten, welches nun die Akzente unserer
Zeit sind, die die Bildungsidee in entscheidender Weise bestimmen.
Ich möchte lediglich dazu einige Zeilen aus dem Aufsatz von *Wilpert*

---

[7] *Paul Wilpert*, Was ist Bildung heute? in Bremer Vorträgen zur
    Bildungstheorie, Bremen 1957, S. 65.

[8] a. a. O., S. 65.

16

zitieren. „Kein Bild", so sagt er, „hat im geschichtlichen Fluß der
menschlichen Entwicklung ewigen Bestand, und das geschichtlich
gewachsene hat seine Zeit und bleibt gegenwartsnahe nur, indem es
sich wandelt. Wir können heute vom Zeitalter Klopstocks, Goethes,
ja noch Hofmannsthals und Rilkes sprechen. Wird man einmal unsere
Zeit als das Zeitalter Thomas Manns oder Kafkas oder Marcel Prousts
bezeichnen können? Das ist recht unwahrscheinlich. Aber man kann
es vielleicht einmal als das Zeitalter Einsteins benennen. Die Naturwissenschaften sind ein entscheidender Faktor nicht nur unseres wirt-
schaftlichen, sondern auch unseres geistigen Lebens geworden. Darf
sich ein Mensch der Gegenwart seiner Bildung rühmen, der kein Verhältnis zum Wandel unseres Weltbildes zu gewinnen vermag? Kann
die Bildung jenseits des gelebten Lebens stehen, oder ist sie selbst
eine dieses Leben mitformende und mitgestaltende Macht?" [9].
Es kommt freilich in entscheidender Weise darauf an, wie die Naturwissenschaft betrieben wird, wenn sie zum wesentlichen Bestandteil
unserer Bildung werden soll. Sie muß eben die Voraussetzung für jene
Standortsbestimmung des Menschen in der Welt von heute schaffen
oder mitschaffen. Der Schüler kann einen hervorragenden Einblick
in den systematischen Aufbau der Physik gewonnen haben, das
Gebäude kann in aller Pracht, auf Pfeilern ruhend, vor seinem geistigen Auge stehen, ohne daß es mehr ist als ein einsam im Raume
stehendes, schönes Bauwerk. Er mag Probleme der Physik mit aller
Gründlichkeit erörtert haben, ohne daß diese mehr sind als geistige
Kunststücke, die zwar der Schulung seines Geistes dienlich gewesen
sind, jedoch durch Kunststücke anderer Art hätten ersetzt werden
können.
Wenn also Gesichtspunkte für die Lösung des Stoffproblems gefunden
werden sollen, so können sie nicht durch Betrachtung der Physik allein
gesucht werden. Und es genügt auch nicht, — von der Physik her-
kommend — eine Stoffauswahl vorzuweisen, auf die die Bildungsziele
gleichsam aufgestockt werden können. Es könnte dann sein, daß zwar
die Physik sich zum Ganzen schließt und in ein Weltbild ausmündet,
daß aber das Vielerlei der Ziele ein zusammenhangloses Neben-

---

[9] *Wilpert*, a. a. O., S. 61.

einander bleibt, das nicht mit dem Menschen in einer bruchlosen Einheit verwachsen kann.

Deshalb müssen die Gesichtspunkte für die Lösung des Stoffproblems von der Bildungsidee her gewonnen werden. Dabei handelt es sich freilich um die Bildungsidee der höheren Schule, die den Schüler nicht nur dahin führen soll, seinen Standort zu bestimmen, sondern diese Standortsbestimmung auch zu rechtfertigen, gleichzeitig aber auch zu ermessen, wieweit Standortsbestimmung und Rechtfertigung möglich sind. Diese Aufgabe ist theoretischer und philosophischer Natur. Zweifellos gibt es auch Standortsbestimmungen, die anderen Orientierungsmöglichkeiten entspringen. Mit ihnen hat es die höhere Schule nicht in erster Linie zu tun. Die höhere Schule ist diejenige Bildungseinrichtung, in der die Standortsbestimmung theoretische Aufgabe ist und damit in den Rang eines Problems erhoben wird.

## Die Bildwelt der Physik

Die Frage nach der Bildungsfunktion der Physik kann nunmehr in folgender Weise gestellt werden: Wie nimmt der Mensch mit Hilfe der Physik seine Standortbestimmung vor? Um welche besondere und durch keine andere ersetzbare Form der Standortbestimmung handelt es sich dabei? Welcher Zusamenhang besteht mit den anderen Formen einer solchen Bestimmung?

*Heinrich Hertz* hat in seiner berühmten Einleitung der *Pinzipien der Mechanik* (1894) darauf hingewiesen, daß es sich bei der Physik um eine Symbolwelt handelt. Die Wahrnehmungswirklichkeit wird mit Hilfe von Bildern erfaßt, die nicht etwa Abbilder der äußeren Gegenstände sind, sondern wissenschaftliche Symbole, die es uns überhaupt erst ermöglichen, die Natur wissenschaftlich zu erkennen und notwendige Aussagen über sie zu machen im Gegensatz zu den zufälligen Aussagen, die sich aus den subjektiven Wahrnehmungen ergeben. Zwar stellt auch bereits die Wahrnehmungswelt eine erste Art von Gliederung der Welt der bloßen Sinneseindrücke dar. Jedoch ist jede Wahrnehmungstatsache als solche eine nicht weiter zu analysierende Gegebenheit. Der Zusamenhang der Wahrnehmungen ist lediglich faktischer Art, er stellt keinen naturnotwendigen Zusammenhang dar. Die Aufgabe, die *Hertz* als die wichtigste der Naturerkenntnis bezeichnet, zukünftige Erfahrungen vorauszusehen, ist mit Hilfe der bloßen Wahrnehmungen nicht zu lösen. Die Bildwelt der Physik soll eine objektive Erfassung der Wahrnehmungswirklichkeit ermöglichen. Der Gegenstand soll nunmehr nicht nur bezeichnet, sondern bestimmt werden. „Die Form der bloß faktischen Mannigfaltigkeit, in der sich die Wahrnehmung zunächst darbietet, soll in die Form einer begrifflichen Mannigfaltigkeit umgewandelt werden" [10].

---

[10] *Ernst Cassirer*, Philosophie der symbolischen Formen, (Oxford 1954), Bd. III, S. 477.

Diese Umwandlung der Wahrnehmungswelt in die physikalische Bildwelt ist eine von vielen möglichen Umwandlungen, die der Mensch vorzunehmen imstande ist. Er kann es auch auf magische oder mythische Weise oder durch die Bildwelt der Kunst tun. Immer vollzieht sich dabei, wie *Ernst Cassirer* gezeigt hat, der gleiche Vorgang, daß nämlich die schlichte Daseinswirklichkeit, die Umwelt, vom Menschen abgerückt wird, um im Bilde in neuer Sicht erfaßt zu werden. Diese Daseinswirklichkeit wird durch diese Distanzsetzung überhaupt erst zur Welt, die nun nicht mehr bloße Umwelt ist, die auf den Menschen wirkt und in die hinein er unmittelbar wirkt, sondern die Welt des Bildens und Gestaltens, durch die allein der Weg zum Menschsein führt.

Unter den Bildwelten des Menschen spielt die Sprache eine ganz besondere Rolle. Es ist das große Verdienst *Wilhelm von Humboldts*, die Funktion der Sprache als erster erkannt und herausgestellt zu haben. Seinem Einfluß und seinen eindringlichen Darlegungen ist es zuzuschreiben, wenn der Gedanke der Bildung so untrennbar mit sprachlicher Bildung verknüpft ist und wenn die sprachliche Bildung auch heute noch ein gewisses Übergewicht gegenüber jeder anderen Form der Bildung besitzt. Es ist dies kein Zufall; denn man kann sich den Menschen wohl ohne magische oder mythische Bildwelt, ohne künstlerische Symbolisierung der Wirklichkeit und ohne wissenschaftliche Erkenntnis, aber niemals ohne Sprache vorstellen. Die Sprache ist nicht die Abbildung der Welt sinnlicher Eindrücke auf eine Welt von Lauten und Zeichen, sie ist kein bloßes Spiegelbild einer Daseinswirklichkeit — wie es in den Sprachtheorien der englischen Empiristen behauptet wurde — sie ist kein bloßes Mittel zur Verständigung der Menschen untereinander, sondern sie ist „Bildwelt", in der durch einen menschlichen Schöpfungsakt die Welt sinnlicher Eindrücke zu einer „Welt", und zwar der des Ausdrucks, eigentlich erst geformt wird. Die Sprache ist damit selbst Lichtquelle. Sie ist nicht der Umwelt unmittelbar entnommen, noch ist sie auf diese unmittelbar hingerichtet, um in ihr etwas zu bewirken. Damit unterscheidet sie sich von jeder tierischen Lautgebung, z. B. dem sogenannten Gesang des Vogels, der etwa dazu dient, den Brutraum abzugrenzen oder den Paarungspartner anzulocken, aber keine darüber hinaus-

gehende Bedeutungsfunktion besitzt. Der Mensch umgibt sich, nach
*Humboldt*, „mit einer Welt von Lauten, um die Welt von Gegenständen in sich aufzunehmen und zu bearbeiten" [11]. Der Gegenstand wird nicht einfach als sinnlicher Eindruck passiv hingenommen,
sondern der Mensch erfaßt ihn mit dem Mittel der Sprache, „indem
er dabei sich selbst und die eigene Gesetzlichkeit seines Bildens
umfaßt" [12].

„Ich glaube", so schreibt *Wilhelm von Humboldt* 1805 an *Wolf*,
„die Kunst entdeckt zu haben, die Sprache als ein Vehikel zu ge-
brauchen, um das Höchste und Tiefste und die Mannigfaltigkeit der
Welt zu durchfahren."

Ich bin auf die Bildwelt der Sprache nicht aus dem Grunde kurz eingegangen, um die Rivalität aufzuzeigen, mit der sie in den Bildungs-
plänen gegenüber den Naturwissenschaften auftritt, sondern um dar-
zulegen, in welch bewußter Weise die Bildungsfunktion der Sprache
dargestellt und herausgestellt worden ist. Die Naturwissenschaften
könnten ihr gegenüber niemals mit irgendwelchen Gleichberechti-
gungsansprüchen auftreten, wenn sie ihre Bedeutung im Raume der
Bildung nur dadurch aufweisen wollten, daß sie Realienfächer darstellen, die der Wirklichkeit unmittelbar zugewandt sind. Leider
war — zum Schaden der naturwissenschaftlichen Fächer und ihrer
Einschätzung als Bildungsfächer — bei ihrem Vordringen im Bildungs-
raume der Schulen dieser Standpunkt zunächst vorherrschend.

Es ist aber noch ein anderer Grund, der es notwendig macht, auf
die Bildwelt der Sprache besonders einzugehen. *Platon* hat bekanntlich in seinem siebenten Briefe darauf hingewiesen, daß die sprachliche Bezeichnung die erste Stufe auf dem Wege zur Erkenntnis sei.
Sie ist auch zugleich notwendige Vorstufe für die begriffliche Bestimmung des Gegenstandes. Das Verhältnis des wissenschaftlichen
Denkens zur Bildwelt der Sprache ist ein anderes als das zu dem der
magischen oder mythischen Bildwelt. Diese Bildwelten müssen in der
naturwissenschaftlichen Erkenntnis überwunden werden. Für einen

---

[11] *Wilhelm von Humboldt*, Über die Kawisprache auf der Insel Java,
     (Berlin 1836), Einleitung S. LXXIV.

[12] *Cassirer*, a. a. O., Band I, S. 26.

Stein der Weisen oder für alte Kosmogonien ist innerhalb der naturwissenschaftlichen Erkenntnis kein Raum. Ganz anders steht es mit der Sprache. „Für sie ist es ersichtlich, daß sie in einer eigentümlichen und selbständigen Weise an der Gestaltung und Gliederung der theoretischen Welt beteiligt bleibt. Auch die Wissenschaft kann ihrer Mitwirkung nicht entbehren — auch sie muß überall an die Vorstufe der *Sprachbegriffe* anknüpfen, um sich erst allmählich von ihnen zu lösen und sich zur Form der reinen *Denkbegriffe* durchzuringen" [13]. Die wissenschaftliche Erkenntnis setzt da ein, wo „der Gedanke die Hülle der Sprache durchbricht — aber nicht, um nunmehr schlechthin hüllenlos, um bar jeglicher symbolischer Einkleidung zu erscheinen, sondern um in eine prinzipiell-andere Symbolform einzugehen. Das Wort der Sprache in seiner Variabilität und schillernden Vieldeutigkeit muß nun dem reinen „Zeichen" in seiner Bestimmtheit und seiner Bedeutungskonstanz Platz machen" [14].

Es ist bekanntlich die große Leistung griechischen Geistes, die Hülle der Sprache durchstoßen zu haben, um zum wissenschaftlichen Begriffsdenken vorzudringen. Daß es den Griechen jedoch nicht gelang, eine exakte Naturwissenschaft aufzubauen, liegt zu einem Teile daran, daß der Durchstoß, der in der Mathematik gelang, in der Naturwissenschaft nicht vollzogen werden konnte. Zwar spricht z. B. *Aristoteles* in seinen naturwissenschaftlichen Schriften eine Begriffssprache, in der sich die Begriffe nicht mehr durch etymologische Herleitung erklären lassen. Aber diesen Begriffen liegen letzte unanalysierte sprachliche Merkmalsbezeichnungen zugrunde, die der sinnlichen Wahrnehmung entnommen sind. „Die Aristotelische Lehre von den E l e m e n t e n " so sagt *Cassirer*, „geht über dieses Gebiet nicht prinzipiell hinaus. Sie ordnet und klassifiziert die sinnlichen Data, sie faßt sie in Gruppen zusammen, aber sie nimmt an ihnen selbst keinen eigentlichen Gestaltwandel, keine gedankliche Umprägung vor. In dieser Hinsicht reichen die Grundbegriffe der Aristotelischen Physik in ihrer Funktion und Leistung kaum weiter als die rein s p r a c h - l i c h e n  Merkmals-Begriffe. Schon die Sprache teilt die Mannig-

---

[13] *Cassirer*, a. a. O., Band III, S. 91.
[14] *Cassirer*, a. a. O., Band III, S. 396.

faltigkeit der sinnlichen Phänomene in bestimmte Merkmalskreise auf: sie schafft die Gegensatzpaare von „schwer" und „leicht", von „kalt" und „warm", von „feucht" und „trocken" usf. An diese Gegensatzpaare knüpft die Aristotelische Physik überall an. Sie gelten ihr als letzte, keiner weiteren Zergliederung fähigen oder bedürftigen Bestimmungen" [15].

Die naturwissenschaftliche Begriffssprache, wie sie dann durch die abendländischen Naturwissenschaftler geschaffen wurde, ist keineswegs eine Art Abkürzung von sprachlich umfangreicheren Ausdrücken, sondern sie ist „ein Wegweiser in neues, bisher nicht erforschtes Gebiet: sie leitet zu einem Prozeß der „Interpolation" und „Extrapolation" [16]. Man denke etwa an das periodische System der Elemente, an die Wellenskala usw.

Mit diesen knappen Hinweisen sind die Zusammenhänge von Sprache und Naturwissenschaft keineswegs erschöpfend dargelegt. Worauf es mir bei diesen Betrachtungen ankam, war dieses: Um die eigentümliche Bildwelt der naturwissenschaftlichen Erkenntnis in ihrer Funktion für die Standortbestimmung des Menschen aufzuweisen, ist es notwendig, ihre Abgrenzung gegen andere Bildwelten, aber auch den Zusammenhang mit diesen zu zeigen.

Das bedeutet natürlich nicht, daß der Physikunterricht mit derartigen Erörterungen beginnen müsse. Auf jeden Fall muß aber der Lehrer darüber Bescheid wissen, um diese Probleme an geeigneter Stelle und in geeigneter Form zur Sprache zu bringen.

Dabei gibt es verschiedene „Höhenlagen" für die Behandlung der Probleme. Die Beziehung Wahrnehmungswelt — physikalische Bildwelt z. B. ist — immanent — Thema aller Klassenstufen vom Beginne des physikalischen Unterrichts an; in ihrer philosophischen Problematik kann sie natürlich nur der obersten Klasse aufbewahrt bleiben. Es ist für den Schüler im allgemeinen sehr schwierig, die Welt der naturwissenschaftlichen Erkenntnis und die Welt des Mythos in rechter Würdigung beider gegenüberzustellen, weil er allzu leicht

---

[15] *Cassirer*, a. a. O., Band III, S. 531.
[16] *Cassirer*, a. a. O., Band III, S. 515.

geneigt sein wird, diese als primitve Stufe oder Vorstufe jener zu
betrachten. Und doch ist diese Gegenüberstellung wichtig, weil sie die
Besonderheit der naturwissenschaftlichen Erkenntnis erst deutlich
macht. Die Kategorien naturwissenschaftlichen Denkens finden sich
bekanntlich bereits im magischen und im mythischen Denken, jedoch
in ganz anderer Form. Die Kategorien dieses Denkens liegen noch
manchen Vorstellungen aus den Anfängen der abendländischen
Naturwissenschaften zugrunde, und es kann auf sie mit Hilfe von
geeigneten Originaltexten oder deren Übersetzungen hingewiesen
werden.

Ein besonderes Thema, und zwar ein besonders schwieriges Thema
bildet das Problem der Beziehung von Naturwissenschaft und
Religion. Immer wieder haben sich große Naturwissenschaftler mit
ihm auseinandergesetzt. Dieses Thema besitzt nicht nur historisches
Interesse, weil die junge abendländische Naturwissenschaft einen
Zwiespalt zwischen ihrer Denkweise und den religiösen Vorstellungen
heraufbeschworen zu haben schien und sich immer wieder mit diesen
Vorstellungen auseinandersetzen mußte. Die Problematik Naturwissenschaft — Religion muß dem Menschen von heute, der zumeist
ganz auf dem Standpunkt steht, daß alles Geschehen natürlich und
nach Naturgesetzen verlaufe, überhaupt erst eröffnet werden, und
zwar nicht in erster Linie um des Verständnisses der Naturwissenschaft willen. Er erlebt die Problematik erst nach tieferem Eindringen
in das Problem der naturwissenschaftlichen Erkenntnis und ihrer
Grenzen. In der Auseinandersetzung mit dem dialektischen Materialismus hat die Frage heute ihre besondere weltanschauliche
Bedeutung.

Die Abgrenzung gegen eine andere Welt, die den Menschen von heute
geradezu als Umwelt umgibt, bedarf ebenfalls einer Erörterung:
Es handelt sich um die Welt der Technik. Die Naturwissenschaft und
die Technik werden zumeist in einem recht oberflächlichen Zusammenhange gesehen, so, als sei diese jener unmittelbar zugehörig oder eine
Erweiterung der ersteren. Die Dinge liegen jedoch weit komplizierter.
Daß die Naturwissenschaft im Abendland eine technische Anwendung besitzt, ist nicht selbstverständlich, jedenfalls ist die An-

wendung nicht durch die Naturwissenschaft bedingt. Abendländische
Naturwissenschaft und abendländische Technik entstehen ja miteinander. Und daß dies der Fall ist, liegt in der Natur des abendländischen Menschen begründet.

Die Technik hat den Menschen aus seinen natürlichen Bindungen
gelöst und ihn in eine neue, ja völlig neuartige Form der Bindung
hineingeführt. Sie ist für den Menschen geradezu zur Umwelt geworden, die auf ihn wirkt und in die er unmittelbar hineinwirkt wie
das Tier in seine Umwelt. Es ist meiner Meinung nach dem Menschen
noch nicht gelungen, diese Welt der Technik von sich abzurücken, um
sie zur Bildwelt zu machen, mit deren Hilfe er seinen Standort zu
bestimmen vermag. Es mögen Ansätze dafür vorhanden sein, daß
auch die Welt der Technik gestaltete Welt, Symbolwelt, wird, und
sie mag es für eine Reihe von Menschen auch sein; das Problem ist
jedoch vom Menschen noch nicht allgemein bewältigt. Es ist notwendig,
daß es der Mensch aus rechter Sicht zunächst einmal sehen lernt; denn
es ist eines der schwierigsten Probleme der heutigen menschlichen
Existenz.

Wenn es in diesem Abschnitt zunächst darum ging, die Bildwelt der
Physik gegen andere Bildwelten abzugrenzen oder den Zusammenhang mit diesen aufzuweisen, so darf man nicht vergessen, diese
Abgrenzung auch innerhalb der Wissenschaften selbst vorzunehmen.
Für die Schüler kommt dabei vor allem die Abgrenzung gegenüber
der Mathematik in Frage, weil ihnen diese Wissenschaft vertraut ist,
später dann auch die Abgrenzung gegenüber der Biologie. Dabei geht
es nicht nur um eine Abgrenzung bezüglich der Gegenstände der ein-
einzelnen Wissenschaften, sondern vor allem bezüglich der Methoden
und Kategorien. Das Thema verträgt keine nur beiläufige Behandlung.
Vor allen Dingen bedarf es des philosophisch geschulten Lehrers. Ihm
bietet sich eine Fülle von Literatur an, die freilich für die Schule einer
geeigneten Auswahl bedarf [17].

---

[17] siehe hierzu zum Beispiel: *Aloys Wenzel*, Die philosophischen Grenz-
fragen der modernen Naturwissenschaft, (Stuttgart 1954),
*Friedrich Dessauer*, Naturwissenschaftliches Erkennen, (Frankfurt
1958).

Wir wenden uns nunmehr der Frage zu, welche besondere Struktur die Bildwelt der Physik hat und welche Art von Standortbestimmung des Menschen sie ermöglicht.

Bei dem von mir eingeschlagenen Wege der Erörterung handelt es sich um keinen pädagogischen Weg, der etwa in der gleichen Art auch in der Schule demonstriert werden könnte. Es gilt lediglich, auf die einzelnen Punkte hinzuweisen, die dem Schüler einsichtig gemacht werden müßten, damit er versteht, was Physik überhaupt ist.

Das Eintreten in die Bildwelt der Physik bedeutet zunächst eine Umwendung gegenüber einer naiven Betrachtungsweise der Natur. Solange die Natur nichts anderes ist als die natürliche Umwelt des Menschen, sein Wirkraum, aus der er Sinnenreize empfängt, auf die er reagiert, ist diese Umwendung vom „Leben" zum „Geist" noch nicht vollzogen. Die Umwendung bahnt sich in dem Augenblick an, in dem der Mensch beginnt, die Natur zu beobachten. Seit den ältesten Zeiten hat der Mensch die Natur beobachtet. Der Schüler glaubt vielleicht zu wissen, was dies heißt. Aber Beobachten ist eben mehr, als nur Umweltreize zu empfangen und auf sie zu reagieren. Die Umwendung zur Beobachtung setzt erst dann ein, wenn der Empfindungsinhalt nicht mehr als das Natürliche, als das Erwartete erscheint, sondern gerade als das Unerwartete, das zum Staunen Anlaß gibt. „Wer aber zweifelt und staunt, hat das Gefühl des Nichtwissens," heißt es bei *Aristoteles* [18]. Mit diesem Gefühl des Nichtwissens beginnt aber die Bewegung des Geistes, beginnt der Akt der Distanzierung von Mensch und Natur.

Nun ist es noch ein weiter Schritt vom Beobachten und Staunen zum „physikalischen" Beobachten der Natur. Dieser weite Schritt sollte dem Schüler nicht verkürzt, nicht so erleichtert werden, wie es manchmal geschieht, wenn man ihn sofort zwingt, die Beobachtung unter physikalischen Gesichtspunkten vorzunehmen. Wenn man dies tut, dann verwischt oder bagatellisiert man die Umwendung, die sich beim Eintritt in die physikalische Bildwelt vollziehen muß. Der Schritt vom Glauben, etwas zu wissen, zum Nichtwissen kann nicht deutlich genug gemacht werden.

---

[18] *Aristoteles*, Metaphysik, 1. Buch, 2. Kapitel.

Beobachtet wird eine Naturerscheinung, eine Naturtatsache. Die naturwissenschaftlich beobachtete Tatsache ist aber niemals schlichte Gegebenheit. Wäre sie dies, so würde sie nicht zum Staunen auffordern. Hinter dem Begriff der Naturtatsache verbirgt sich die ganze Problematik der naturwissenschaftlichen Erkenntnis. Es geht nicht nur darum, die Naturtatsache als Erscheinung rein sprachlich zu beschreiben, — obwohl auch hierbei bereits eine echte Aufgabe vorliegt, die für den Schüler nicht leicht lösbar ist — es handelt sich vielmehr darum, in die Tatsache selbst einzudringen, die nun nicht mehr bloße Gegebenheit, sondern Problem ist. Es gilt, die Tatsache aus ihren Bedingungen her als Tatsache, d. h. in ihrer Notwendigkeit, zu erkennen. Die Einzelerscheinung wird durch diese Erkenntnis erst aus ihrer Vereinzelung herausgehoben.

Damit dies möglich ist, bedarf es einer Methode der Erkenntnis. Diese Methode gilt es, einsichtig zu machen. Es wird manchmal behauptet, daß die Methode der Naturwissenschaft vorwiegend die induktive sei. Bei dieser Ansicht laufen zwei Vorstellungen durcheinander, die bei der erkenntnistheoretischen Betrachtung der Methode scharf zu scheiden sind. Die sogenannte induktive Methode der Naturwissenschaft ist eine Verfahrenstechnik, die nur dann anwendbar ist, wenn eine methodische Einsicht in den Sachverhalt bereits besteht. Bekanntlich hat *Francis Bacon* versucht, mit Hilfe eines rein induktiven Verfahrens zu naturwissenschaftlichen Erkenntnissen zu gelangen. Er hat damit wenig Erfolg gehabt; es ist ihm nicht gelungen, zur naturwissenschaftlichen Erkenntnis vorzudringen.

Erst durch die Methode *Galileis*, die als resolutive und kompositive Methode alles andere war als ein rein induktives Verfahren, wurde der Naturwissenschaft der Weg gewiesen, den sie als Wissenschaft zu gehen hatte. Die Methode *Galileis* stellt eine geniale Verbindung von Induktion und Deduktion dar. Sie besteht eben nicht darin, daß versucht wird, zahlreiche Einzelbeobachtungen nachträglich in einer allgemeinen Aussage zusammenzufassen, bzw. Feststellungen, die mit Hilfe einer Reihe von Beobachtungen gemacht wurden, auf alle möglichen Fälle zu übertragen, sondern sie besteht darin, daß die Einzelbeobachtung analysiert, aus der Verschlingung zufälliger Umstände befreit und schließlich als notwendige Folgerung aus einer allgemeinen Einsicht erkannt wird. *Galilei* erkannte weiter die Bedeutung der Mathematik für die physikalische Erkenntnis.

Das Ziel der Methode ist das Auffinden von Naturgesetzen. Bereits *Bacon* hatte sich — wenn auch vergeblich — darum bemüht, Naturgesetzlichkeiten zu entdecken. Da er aber glaubte, das Gesetz sei das auf vielen Einzeltatsachen abgelesene Allgemeine, da er die Beziehung zwischen Naturtatsache und Naturgesetz nicht durchschaute, blieb ihm auch hier der Erfolg versagt [19].

Im Zusammenhang mit diesen Erörterungen muß auch das Problem des physikalischen Experiments eine Klärung erfahren. Es sei hier wieder auf das Werk von *Duhem* hingewiesen und eine Stelle daraus zitiert, die den Sinn des physikalischen Experiments in hervorragender Weise charakterisiert [20]. „Das Resultat der Operationen, die den physikalischen Experimentator beschäftigen, ist keineswegs die Konstatierung einer Gruppe konkreter Tatsachen. Es ist der Ausdruck eines Urteils, das gewisse abstrakte symbolische Begriffe miteinander verbindet, deren Abhängigkeit von den wirklich beobachteten Tatsachen allein durch die Theorie hergestellt wird. Die Wahrheit springt jedem, der nachdenkt, in die Augen. Öffnen wir irgendeine Abhandlung aus dem Gebiete der experimentellen Physik und lesen wir die Schlußfolgerungen! Diese Schlußfolgerungen sind keineswegs die bloße einfache Darlegung gewisser Erscheinungen. Sie sind abstrakte Ausdrücke, denen wir keinen Sinn unterlegen können, wenn wir nicht die physikalischen Theorien kennen, auf die sich der Autor stützt. Wir lesen z. B. dort, daß die elektromotorische Kraft einer bestimmten Gassäule um eine gewisse Anzahl Volt steigt, wenn der Druck um eine bestimmte Anzahl von Atmosphären wächst. Was bedeutet

---

[19] Zum Problem des Naturgesetzes s. u. a.
 *Bruno Bauch*, Das Naturgesetz, (Leipzig 1924),
 *Pierre Duhem*, Ziel und Struktur physikalischer Theorien, deutsch von *Friedrich Adler*, (Leipzig 1908),
 *Lothar von Strauß und Torney*, Der Wandel in der physikalischen Begriffsbildung, (Braunschweig 1949).

[20] *Pierre Duhem*, a. a. O.

dieser Satz? Man kann seinen Sinn nicht erfassen, ohne zu den mannigfaltigsten und höchsten Theorien der Physik zu greifen. Wir haben bereits gesagt, daß der Druck ein quantitatives Symbol sei, das durch die Mechanik eingeführt wird und das eines der subtilsten ist, das diese Wissenschaft behandelt. Um die Bedeutung des Wortes elektromotorische Kraft zu verstehen, muß man von der von Ohm und Kirchhoff begründeten elektrokinetischen Theorie Gebrauch machen. Das Volt ist die Einheit der elektromotorischen Kraft in dem System praktischer elektromagnetischer Einheiten. Die Definition dieser Einheit wird aus den Gleichungen des Elektromagnetismus und der Induktion, die von Ampère, F. E. Neumann und Weber aufgestellt wurden, abgeleitet. Keines der Worte, die bei dem Aussprechen des Resultates eines solchen Versuches verwendet werden, drückt direkt ein sichtbares und tastbares Objekt aus. Jedes von ihnen hat einen abstrakten und symbolischen Sinn. Dieser Sinn ist mit den konkreten Realitäten durch lange, komplizierte theoretische Mittelglieder verbunden."

Ich habe dieses ausführliche Zitat vor allem deshalb hier wiedergegeben, weil es auch für den Schüler klärend sein kann, vor allem für den Bastler — seine Tätigkeit sei nicht geschmälert —, der seine Bastelei für physikalisches Experimentieren hält.

Es wurde schon von der Bedeutung der Mathematik für die physikalische Erkenntnis gesprochen. Hier wäre vor allem darauf hinzuweisen, daß die physikalischen Begriffe Maßgrößen sind, denen jedoch zum Teil gewisse Wahrnehmungsqualitäten entsprechen, jedoch keineswegs entsprechen müssen. Es gibt für gewisse Gebiete der Physik eine „vorphysikalische" Stufe. Die eigentliche physikalische Begriffsbildung setzt jedoch das Messen voraus.

Die Beziehung von Mathematik und Physik wird besonders deutlich im Naturgesetz, das in Form einer mathematischen Relation auftritt, jedoch keineswegs eine „nur-mathematische" Relation ist.

Und schließlich sind es die physikalischen Konstanten, die individuellen und die universellen, die die Bedeutung der Mathematik für die Physik in hervorragender Weise zutage treten lassen. Gerade der Zahlenwert dieser Konstanten spielt hier eine ausschlaggebende Rolle.

Zahlenmäßige Übereinstimmung oder auch Abweichung führten zur Einsicht in Zusammenhänge, stellten diese Zusammenhänge erst her oder bildeten den Anlaß für neue Theorien. Ich verweise wieder auf die ausgezeichneten Darlegungen *Cassirers*, von denen ich einige Zeilen zitieren möchte. „In allen diesen Beziehungen und Verknüpfungen ist es der allgemeine Schematismus des Z a h l b e g r i f f s , dem die entscheidende Vermittlung zufällt. Die Zahl fungiert sozusagen als das abstrakte Medium, in welchem die verschiedenen Sinnesgebiete einander begegnen und dem gegenüber sie ihre spezifische Ungleichartigkeit aufgeben. So wird z. B. durch die Maxwellsche Theorie das Phänomen des Lichts mit den elektrischen Phänomen in eins gesetzt, weil sich für beide Phänomene, sobald wir sie in Zahlen auszudrücken und durch sie exakt zu bezeichnen versuchen, die gleiche Art der Bezeichnung ergibt. Die Kluft, die zwischen den optischen Erscheinungen und den elektrischen als solchen zu bestehen scheint, schließt sich, sobald erkannt wird, daß eine bestimmte Konstante c, die in den Maxwellschen Gleichungen auftritt, der Größe der Lichtgeschwindigkeit im leeren Raum genau gleich ist. Es ist die Form dieser rein numerischen Relation, durch welche die Heterogenität der sinnlichen Eigenschaften überbrückt und eine Homogenität des physikalischen „Wesens" hergestellt wird" [21].

Daß das Naturgesetz von einer mathematischen Relation verschieden ist, wurde schon oben gesagt. Um zu verstehen, was es von dieser unterscheidet, bedarf es des Eingehens auf die Kategorien der Pkysik. Zwar steht das Problem der Kausalität im Mittelpunkt der gegenwärtigen naturphilosophischen Erörterungen, jedoch scheint mir der Gedanke der Substanz in der Schule eine eindrucksvollere Darstellung des Kategorienproblems zu ermöglichen [22].

Die Kategorien der Physik bedingen, daß sie ein besonderes System unter den Systemen der wissenschaftlichen Erkenntnis darstellt, das sich von anderen Systemen durch ihre Prinzipien und ihre Methode unterscheidet.

---

[21] *Cassirer*, a. a. O., Band III, S. 510 f.
[22] siehe auch hierzu *Hunger*, Von Demokrit bis Heisenberg, (Braunschweig 1958,), 3. Teil, S. 71 ff.

In diesem Zusammenhange müßte auf die Prinzipiensätze der Physik, auf ihren systematischen Aufbau, auf das Verhältnis von Grundgrößen und abgeleiteten Größen, auf die Bausteine des Systems, vor allem aber auf den Sinn und die Bedeutung physikalischer Theorien eingegangen werden. Die Theorie — im platonischen Sinne — ist das Ziel jeder Wissenschaft. Sie ist nicht eine Art Meinung über die physikalischen Tatsachen, von denen man nichts Sicheres weiß, sondern sie ist die wissenschaftliche Darstellung des augenblicklichen Standes der Forschung. „Eine physikalische Theorie ist keine Erklärung. Sie ist ein System mathematischer Lehrsätze, die aus einer kleinen Anzahl von Prinzipien abgeleitet werden und den Zweck haben, eine zusammengehörige Gruppe experimenteller Gesetze ebenso einfach, wie vollständig und genau darzustellen" [23].

Erst mit Hilfe der Theorie wird eigentlich die physikalische Symbolwelt aufgebaut, erst durch die Theorie gewinnt das einzelne Experiment oder die beobachtete Einzeltatsache ihren Sinn, sie wird durch diese überhaupt erst zur physikalischen Tatsache, indem sie aus ihrer Vereinzelung befreit und in einen allgemeinen Zusammenhang hineingestellt wird.

Es geht nunmehr nicht mehr darum, die einzelne Naturerscheinung dadurch zu erklären, daß man sie als Einzelerscheinung sozusagen physikalisch „umdenkt" und das Ergebnis dieses Umdenkens als Erklärung der Erscheinung ausgibt. Es handelt „sich vielmehr darum, die Wirklichkeit der sinnlichen Erscheinungen, der Farben und Töne, der Tast- und Temperaturempfindungen, als G a n z e s auf einen neuen geistigen Maßstab zu beziehen und sie vermöge dieser Beziehung in eine andere D i m e n s i o n der Betrachtung zu erheben. Es ist daher im Grunde niemals die einzelne „Empfindung", der wir ihr bestimmtes objektiv-physikalisches „Substrat" gegenüberstellen können; sondern was sich miteinander vergleichen, was sich aneinander „messen" läßt, das ist auf der einen Seite die G e s a m t h e i t der Phänomene der Beobachtung, auf der anderen Seite das

[23] *Duhem,* a. a. O.

G e s a m t s y s t e m  der Begriffe und Urteile, in denen die Physik
die Ordnung und Gesetzlichkeit der „Natur" ausspricht" [24].

Dem Aufbau dieses Gesamtsystems dient die Theorie. Erst durch
diese wird die physikalische Tatsache in einen „Begründungszusammenhang" hineingestellt, aus dem heraus wir sie verstehen,
zwar nicht ihrem Wesen nach, sondern in ihrer physikalischen Einordnung. Zu diesem Thema verweise ich auch auf den Aufsatz von
*Max Born, Über den Sinn physikalischer Theorien,* in seinem Buche
*Physik im Wandel meiner Zeit* (1957). Aus ihm sind auch einige
Teile für den Schüler gut lesbar. Im Zusammenhang mit der Theorie
muß man natürlich auf den Begriff des Modells eingehen. Ein Modell
soll einen physikalischen Sachverhalt repräsentieren, es stellt den
Versuch dar, ihn in den Vorstellungsraum zu übersetzen. Der Über-
setzungsversuch gelingt nicht immer restlos, wie das Atommodell
zeigt; es ist auch nicht immer möglich, einem physikalischen Sachverhalt durch ein einziges Modell gerecht zu werden, wie der Versuch
ergeben hat, ein einheitliches Modell des Lichts zu finden. Damit
erhebt sich zugleich die Frage nach dem Wirklichkeitswert der
Modelle, die aufs engste mit dem Problem des physikalischen Weltbildes verknüpft ist.

Als Ziel des Physikunterrichts wird zumeist die Entwicklung eines
sogenannten Weltbildes angegeben. Der Begriff Weltbild ist nicht
eindeutig. Manche Autoren verstehen darunter einfach das System
der Physik, so, als gäbe dieses ein Bild der wirklichen Welt. Damit
ist aber der Gedanke des Weltbildes zu eng gefaßt und leistet
Irrtümern Vorschub. Die physikalische Bild- oder Symbolwelt stellt
lediglich einen Aspekt der Welt dar, eine symbolische Form, in der
der Mensch die Welt zu begreifen versucht. Die Entwicklung eines
physikalischen Weltbildes bedeutet daher nicht, das gesamte System
der Physik aufzubauen, sondern die besondere Struktur dieser
Symbolwelt aufzuzeigen, dabei aber auch die Grenzen deutlich zu
machen. Die Konstruktionselemente dieses Weltbildes sind nicht die
physikalischen Pfeiler, sondern die geistigen Grundlagen und Begriffe

---

[24] *Cassirer,* a. a. O., Band III, S. 481.

32

der naturwissenschaftlichen Erkenntnis, wie ich sie ab Seite 26 in groben Zügen darzustellen versucht habe. Man wird dieser Ansicht vielleicht entgegnen, daß durch die Einsicht in die Strukturelemente der symbolischen Form der Physik nur die Bauweise eines Instruments erkannt wird, mit dem man die Welt betrachtet, nicht aber dadurch schon Einsicht in die Welt selbst gewonnen wird. Der Einwand wäre zweifellos richtig, wenn die Symbolwelt der Physik nur ein Instrument wäre, das unabhängig von seiner Funktion, gewissermaßen als technisches Gebilde, für sich gebaut und untersucht werden kann, so wie etwa der Erbauer von Spiegelteleskopen nichts von Astronomie und Astrophysik zu verstehen braucht und trotzdem eine hervorragende Einsicht in die Bauweise des Instruments haben wird.

Eine Einsicht aber in die Begriffe Experiment, Naturgesetz, physikalische Theorie usw. ist nicht möglich, ohne daß man zugleich Experimente, Naturgesetze und physikalische Theorien wirklich kennt.

Das Weltbild der Physik ist kein statisches Abbild der Welt, sondern ist eben die symbolische Form in ihrer Dynamik und ihrer komplexen Struktur.

Diese Dynamik zeigt sich in der Geschichte der Physik und in der Geschichte physikalischer Probleme, die in der Schule meistens etwas kurz wegkommt. *Duhem* weist im letzten Kapitel des genannten Buches mit besonderem Nachdruck auf die Bedeutung der historischen Methode in der Physik hin. Diese Geschichte zeigt nicht nur die Dynamik der symbolischen Form, sondern die geistesgeschichtliche Bedeutung der Physik, zeigt in welcher Weise sie die Kultur mitgestaltet und ihren Anteil hat an der Formung eines Menschenbildes. Sie stellt den Menschen selbst heraus, der ja innerhalb des physikalischen Systems weitgehend „ausgeklammert" ist, und damit weist sie die Beziehung auf, die zwischen Naturwissenschaft und menschlicher Existenz besteht. Im Einsatz großer Wissenschaftler für ihr Werk, in ihrem Ringen, ihren Fehlschlägen und Erfolgen wird der schöpferische Akt des Geistes deutlich, dem jede symbolische Form ihr Dasein verdankt, wird aber auch gleichsam am Exemplum zur Darstellung gebracht, daß die Naturwissenschaft zugleich ein bestimmtes ethisches Verhalten zur Voraussetzung hat. Die Standortbestimmung, die die Naturwissenschaft dem Menschen ermöglichen soll, ist kein technisches Verfahren, das zwangsläufig von demjenigen mitgelernt wird, der Naturwissenschaft betreibt, sondern sie ist sittliche Tat. Sie ist es nicht nur in den höchsten Auseinandersetzungen des Menschen mit der Welt, sondern bereits im kleinsten Versuch, im einfachsten Denkschritt, in dem sich der Mensch mit dem Objekt seiner Untersuchung in ernsthafter Weise auseinandersetzt. Auch dieser Beziehung von Ethik und Naturwissenschaft sollte das besondere Augenmerk des naturwissenschaftlichen Unterrichts gelten.

Ich habe in großen Zügen diejenigen Punkte aufzuzeigen versucht, die den Bildungscharakter der Physik ausmachen. Man könnte einwenden, daß damit eine Art eines philosophischen Programms gegeben sei, das die Schule niemals erfüllen könne. Der Einwand wäre dann berechtigt, wenn dieses Programm die Forderung einschlösse, es mit der Gründlichkeit eines Universitätsseminars durchzunehmen. Diese gründliche Behandlung ist sicherlich abzulehnen. Das bedeutet aber keineswegs, daß die Probleme oberflächlich zu behandeln sind.

Es geht nicht darum, in eine ausführliche philosophische Betrachtung der einzelnen Themen einzutreten oder anschließend an die Physik einen philosophischen Kurs abzuhalten. Wohl aber müßte der Physiklehrer um diese Probleme wissen. Die sogenannte philosophische Vertiefung des Unterrichts, die zweifellos sehr vernachlässigt wird und dennoch unabdingbar ist, muß sich unter die hier aufgezeigten Gedanken stellen. Philosophische Vertiefung heißt nicht, rhapsodisch diese und jene philosophischen Probleme, die die Naturwissenschaft bietet, zu erörtern, sondern heißt, die Struktur der physikalischen Bildwelt einsichtig zu machen.

Diejenigen Gegenstände der Physik (hierunter sind nicht nur „Dinge" zu verstehen, sondern ebenso Experimente, Gesetze usw.), die geeignet sind, die Struktur der physikalischen Bildwelt oder Strukturelemente einsichtig zu machen, nennen wir Exempla. Ein Exemplum ist nicht Beispiel stofflicher Art, an dem also ein Stoff mit Hilfe des anderen mit zur Darstellung gebracht wird. Exemplarisches Lehren bedeutet nicht, in der Dimension des Stoffes Beispiele auszuwählen und darzubieten, die mit anderen Stoffgebieten gewisse Ähnlichkeiten

aufweisen, so daß man auf diese verzichten könnte. Wenn jemand
z. B. den freien Fall als Stellvertreter für alle anderen beschleunigten
Bewegungen durchnimmt, so hat er damit noch nicht exemplarisch
gelehrt. Zum Exemplum wird das Beispiel erst, wenn es Beispiel für
die Struktur der physikalischen Bildweld ist. Dieses exemplarische
Lehren bedeutet nun keineswegs, den fachlichen Aufbau der Physik
zu zerreißen und die oben bezeichneten Probleme jeweils mit Hilfe
eines Beispiels zu behandeln, also etwa das Problem des Naturgesetzes am Snelliusschen Brechungsgesetz, das Problem des Experiments am Beispiel eines Induktionsversuches, das Problem des
Modells am Modell des idealen Gases usw. (Nichts würde sogar daran
hindern, die genannten Probleme an ganz abseitig liegenden Beispielen
darzustellen.)

Der Schüler könnte auf diese Weise niemals erfahren, daß die Physik
ein System ist. Die Naturtatsachen würden der Vereinzelung verfallen.
Es wäre das nicht mehr darstellbar, was ich mit Hilfe des *Cassirer*schen
Zitats auf S. 31 als eines der Ziele des Physikunterrichts aufgezeigt
habe, nämlich „die Wirklichkeit der sinnlichen Erscheinungen . . . . als
G a n z e s auf einen neuen geistigen Maßstab zu beziehen" [25]. Bei
der beliebigen Auswahl der Exempla könnte auch niemals die
besondere Bedeutung des betreffenden Gegenstandes für das Gesamtsystem der Physik eindringlich genug zur Darstellung gelangen.

Damit ist nun keineswegs die Forderung erhoben, doch wieder
zum allgemeinen Überblick zurückzukehren. Aber der Systemcharakter der Physik muß deutlich gemacht werden.

Die Ziele, die mit Hilfe des Exemplums erreicht werden sollen,
nennen wir — nach dem Vorschlag *Wagenscheins* — Funktionsziele.
Diese Ziele lassen sich in verschiedene Schichten gliedern, und zwar
in:

1. Wissenschaftliche Ziele, deren Sinn es ist, die Begriffswelt der
   Physik und ihr Verfahren zu verdeutlichen,
2. erkenntnistheoretische Ziele, die die methodische Besonderheit
   der physikalischen Erkenntnis und ihre Abgrenzung gegen andere
   Erkenntnisformen herausstellen sollen,

---

[25] *Cassirer*, a. a. O., Band III, S. 481.

3. allgemeine philosophische Ziele, deren Inhalt etwa Themen wie Physik und Ethik, Physik und Religion, Physik und Weltanschauung sind,

4. geistesgeschichtliche Ziele,

5. menschenbildende Ziele, bei denen es letzten Endes um das Problem der Standortbestimmung geht.

Dieser Aufbau stellt nicht etwa eine Reihenfolge für den Unterricht dar. Er ist auch nicht so zu verstehen, als solle der eigentlichen Physik nur noch ein kleiner Raum zugemessen werden, der im wesentlichen durch das unter Punkt 1. genannte Funktionsziel begrenzt wird. Aber die Ziele, die unter Punkt 2. bis 5. aufgezeigt sind, dürfen nicht außer acht gelassen werden. Gerade durch das richtig verstandene exemplarische Lehren wird es möglich sein, auch diese Ziele erfolgreich anzustreben.

Das Exemplarische ist freilich kein Universalmittel, das bei jeder beliebigen Stundenverkürzung des Physikunterrichts erfolgreich angewandt werden kann, um die Bildungsziele dieses Faches zu erreichen. Eine angemessene Stundenzahl ist auch gerade beim exemplarischen Lehren erforderlich. Als solche sehe ich je zwei Wochenstunden in den drei Mittelstufenklassen (Untertertia bis Untersekunda) und mindestens die gleiche Wochenstundenzahl in den drei Oberstufenklassen an. Es erscheint mir kaum möglich, die Physik in einem Schulsystem oder Schulzweig als Bildungsfach zu betreiben, wenn sie mit der Obersekunda abschließt.

Meine Ausführungen beziehen sich also nur auf solche Schulen, in denen der Physik eine normale Stundenzahl eingeräumt ist.

## Zur Frage der Stoffauswahl

Die Stoffauswahl in der Physik ist vor allem in der Oberstufe ein
brennendes Problem. Ich will mich daher bei meinen Überlegungen
auf die Oberstufe beschränken. Allerdings wird man sich auch bei
der Stoffdurchnahme in der Unterstufe eine gewisse Beschränkung
auferlegen. Man sollte vor allem vermeiden, die Unterstufenphysik
zu sehr mit mathmatischen Erörterungen zu belasten. Nur da, wo
diese wirkliche p h y s i k a l i s c h e Einsichten vermitteln, sind sie
am Platze. Ebenso ist das Eingehen auf allzu viele technische Anwendungen nicht Sinn der Unterstufenphysik.

### a) Der Physikunterricht in der Unterstufe

Der Schüler erhält in der Unterstufe einen Überblick über die Physik
und erfährt damit, wie die Welt der Wahrnehmungen als Ganzes
in eine physikalische Ganzheit umzudenken ist.

In der Unterstufe darf aber nicht nur dieser Überblick geboten werden,
es muß vor allem auch geübt werden. Damit meine ich nicht, daß
viele Aufgaben gerechnet werden müßten. Auch diese sind freilich
notwendig, jedoch nur dann, wenn sie der Physik und nicht der
bloßen Rechnung dienen. Das Einsetzen von gegebenen Werten in
eine physikalische Formel kann unter Umständen ohne jegliches
physikalisches Verständnis geschehen. Ich denke bei dem Üben auch
nicht nur an Schülerübungen, die sicherlich ebenfalls notwendig sind,
wenn auch leider in vielen Schulen keine oder nur geringe Möglichkeiten dafür bestehen. Zu den Übungen gehören z. B. auch Versuchsbeschreibungen, Beobachtungsübungen und Überlegungen der Art,
wie sie in dem Unterstufenband von Höflings „Lehrbuch der Physik"
durch Fragen angeregt werden, Ausführung von Versuchen an Hand
von Versuchsbeschreibungen, Verbesserungsvorschläge für die Durchführung. Diese Übungen dürfen nicht nur als gelegentliche Unter-

brechung der Systemerarbeitung durchgeführt werden. Der Physikunterricht wird ja häufig — nach dem Muster der Lehrbücher — in der
Form einer reinen Systemerarbeitung durchgeführt. Ein solcher
Unterricht ist einseitig und unzureichend. Ein Mathematikunterricht
wäre wenig ertragreich, wenn er sich auf die Systemerarbeitung
beschränkte und nur ganz wenige Aufgaben als Beispiele für den
Aufbau der Mathematik heranzöge. Nur im ständigen Umgang mit
den Gegenständen lernt der Schüler die Begriffswelt wirklich kennen.
Die Unzulänglichkeit bloßer Systementwicklung würde jedem Uni-
versitätsstudenten deutlich werden, der nur die Vorlesungen besucht,
dagegen an Übungen und Seminaren nicht teilnimmt. Um wieviel
notwendiger ist aber der Übungsbetrieb in der Schule! Es müssen
tatsächlich viele Stunden auf dieses Üben verwandt werden, wenn der
Gegenstand geistiger Besitz werden soll.

Auch der Unterstufenunterricht sollte sich neben dem Ziele des
sogenannten Überblicks unter gewisse Funktionsziele stellen, die
nicht durch bloße Darstellung erstrebt werden können, sondern eben
nur durch Üben erreichbar sind.

Derartige Funktionsziele für die Unterstufe sind folgende:

1. Entwicklung der Fähigkeit, die Natur physikalisch zu beobachten
   sowie die Beobachtungen und Experimente zu beschreiben.

2. Lernen, wie man Naturerscheinungen, Beobachtungen im täglichen
   Leben sowie Versuchsergebnisse mit Hilfe von bereits erarbeiteten
   physikalischen Einsichten erklären kann.

3. Lernen, wie man physikalische Größen mißt und die Messungen
   auswertet.

4. Lernen, wie man ein Experiment durchführt und was man bei
   seiner Durchführung zu beachten hat.

5. Eine vorläufige Einsicht gewinnen, was man unter einem Naturgesetz versteht.

6. Erkennen, daß Sinnesempfindungen für die physikalische Begriffs=
   bildung nicht ausreichen.

7. Erkennen, daß die Alltagssprache für die physikalische Begriffsbildung und die Formulierung physikalischer Sachverhalte nicht
ausreicht und daß die Physik einer eigenen Begriffssprache bedarf.

8. Erkennen, daß die Physik sich der Mathematik bedienen muß.

Es ist selbstverständlich, daß diese Ziele nur propädeutisch erarbeitet
werden können und daß alles unterbleiben muß, was die Vorstellungs-
kraft der Schüler übersteigt. Philosophische Erörterungen oder ab-
strahierende Darlegungen sind fehl am Platze. Nur am konkreten
Beispiel sollten die genannten Fragen erörtert werden. Durch eigenes
Üben sollte der Schüler sie nachvollziehen können, um tiefer in ihren
Sinn einzudringen.

## b) Der Physikunterricht in der Oberstufe

### 1. Grundbegriffe und Mechanik

Der Unterricht der Oberstufe beginnt im allgemeinen mit der Bewegungslehre. Manche Lehrbücher schicken diesem Kapitel eine Einführung voraus, die von physikalischen Größen und ihrer Messung
handelt. Ich möchte dieses Vorgehen nicht unbedingt ablehnen. Es
erscheint mir jedoch allzu systematisch und entspricht etwa dem Verfahren *Euklids*, der den Aufbau seines Systems mit einer Definition
der Grundbegriffe beginnt. Ich bin der Meinung, daß diese Grundbegriffe am physikalischen Vorgang entwickelt werden sollten. Die
Voranstellung der Grundbegriffe bedingt eine unnötige Abstraktion.
Sie ist eine rein theoretische Erörterung, deren Verständnis sich
eigentlich erst erschließt, wenn das physikalische Problem selbst auf
den Plan tritt. Wozu muß eigentlich vorher in eine eingehende
Betrachtung der Möglichkeiten, die Zeit zu messen, eingetreten
werden, um die Bewegungsvorgänge zu verstehen, wenn *Galilei* diese
Vorgänge physikalisch beschreiben konnte, indem er mit Hilfe eines
Eimers Wasser die Zeitmessung vornahm? Auch die Begriffe Längen-
und Zeitmaß lassen sich viel eindringlicher am Bewegungsproblem
selbst herausarbeiten als durch abstrakte Vorwegnahme. Wenn ich

der Bewegungslehre vor anderen Einführungen, z. B. über den Kraftbegriff den Vorzug gebe, so geschieht das aus folgenden Gründen:

1. Der Weg ist der historische Weg der Physik.

2. Die Zusammenhänge sind einfach und durchschaubar. Sie sind anschaulich darstellbar.

3. Die Begriffe Geschwindigkeit und Beschleunigung lassen sich in Zusammenarbeit mit der Mathematik herausarbeiten.

4. An der Bewegungslehre läßt sich die Methode der Physik herausstellen (Experiment, Naturgesetz).

5. Der Vektorbegriff läßt sich zwanglos einführen.

6. Die Unterscheidung zwischen Wahrnehmungswelt und physikalischer Begriffswelt wird in den *Galileischen* Überlegungen und Experimenten deutlich.

7. Die Geschichte eines physikalischen Problems (*Aristoteles - Galilei*) läßt sich zur Darstellung bringen.

8. Man kann Originaltexte (von *Aristoteles, Galilei* usw.) bzw. deren Übersetzungen heranziehen.

Das physikalische Ziel dieses Kapitels muß es sein, den freien Fall als Beispiel einer beschleunigten Bewegung darzustellen. Nicht notwendig ist meines Erachtens die Behandlung der Wurfbewegung, vor allem die des schiefen Wurfes, zumal zu dieser Zeit die mathematischen Kenntnisse, die für den schiefen Wurf benötigt werden, noch nicht vorliegen (Parabelgleichung, geometrische Ortsaufgaben).

Wollte man den historischen Weg weiter verfolgen, so müßte man nunmehr die Kreisbewegung mit dem Ziel der Planetenbewegung durchnehmen (*Galilei-Kepler*). Da jedoch dieses Gebiet in engstem Zusamenhange mit dem Newtonschen Massenanziehungsgesetz steht, dieses jedoch die Grundgleichungen der Mechanik voraussetzt, so halte ich es für richtiger, die Newtonschen Bewegungsaxiome mit dem Ziel der Klärung der Begriffe Masse und Kraft anschließend zu behandeln. In dieses Kapitel fällt auch die Behandlung von Impuls und Energie.

Folgende Funktionsziele lassen sich für dieses Kapitel aufstellen:

1. Die Bildung physikalischer Begriffe (Aussonderung anthropomorpher Qualitäten).

2. Die Unterscheidung von Grundgrößen und abgeleiteten Größen. Auswahlmöglichkeiten bei der Wahl der Grundgrößen.

3. Die Bedeutung der Mathematik für den Aufbau eines physikalischen Systems.

Als nächstes Kapitel wäre die Kreisbewegung mit dem historischen Beispiel der Planetenbewegung durchzunehmen und als seine Krönung das Newtonsche Massenanziehungsgesetz.

Dabei sind folgende Funktionsziele erstrebbar:

1. Erkennen, daß die Physik imstande ist, ein Bild des Kosmos zu geben.

2. Erfahren, daß Versuche, ein Bild des Kosmos zu geben, bereits in alten Mythen und Lehren griechischer Philosophen vorliegen.

3. Erkennen, welcher Unterschied zwischen solchen Versuchen — die keineswegs minderen Ranges sind — und den Versuchen besteht, den Kosmos wissenschaftlich zu erforschen. (Sie reichen von der bloßen Beschreibung mit Hilfe empirischer Beobachtungen bis zu der Erkenntnis einer Gesetzlichkeit, die den Kosmos durchwaltet und seine Ordnung bedingt.)

4. Einsicht in die Tatsache gewinnen, daß man zu neuen Erkenntnissen oft durch Wandel der Denkweise gelangt.

5. Erfahren, daß die Geschichte der Physik ein Teil der Geistesgeschichte ist.

6. Erfahren, wie Religion, Weltanschauung und Naturwissenschaft in einen scheinbaren Konflikt miteinander geraten können.

Das letzte Thema ist für diese Klassenstufe sicherlich recht schwierig, und es läßt sich nur ein Teilproblem an dieser Stelle behandeln, z. B. an Hand eines kurzen Textes von *Kepler* aus der *Astronomia nova*, wie er in dem Quellenband II, *Die naturwissenschaftliche Erkenntnis* von *E. Hunger* auf S. 47/48 abgedruckt ist.

Mit der Behandlung des Massenanziehungsgesetzes könnte man die Mechanik abschließen. Es fehlt zunächst die Schwingungslehre. Sie ist freilich besser am Platze, wenn man sie der Wellenlehre vorausschickt, die später behandelt wird.

Man könnte gegen diese Auswahl einwenden, daß die Mechanik des starren Körpers unberücksichtigt bleibt, die aus manchen Gründen reizvoll ist. Soll man den Schülern den Begriff des Drehmoments und Trägheitsmoments mit den interessanten Anwendungen auf den Sport vorenthalten? Bietet sich nicht bei diesem Gebiet eine besonsonders anschauliche Einführung in die Vektorrechnung an? Kann man auf die Kreiselbewegung wirklich verzichten? Ist die lehrreiche Gegenüberstellung der Begriffe und Gesetze der Translations- und Rotationsbewegung nicht von großem bildenden Wert?

Bei allen diesen Gesichtspunkten tritt eigentlich kein neuer methodischer Gesichtspunkt auf, so reizvoll die Behandlung dieses Stoffgebietes auch sein könnte. Zum Teil lassen sich die Erscheinungen, z. B. beim Kreisel, sowieso nur experimentell demonstrieren. Der Stoff eignet sich jedoch durchaus für eine Arbeitsgemeinschaft.

Dasselbe gilt für die Strömungslehre, die vor 1933 kaum in den Physiklehrbüchern der höheren Schulen zu finden war. Die Behandlung dieses Gebiets muß sowieo weitgehend empirisch erfolgen und stellt eine Konzession an die technische Anwendung, die Fluglehre, dar. Es gibt aber zweifellos Kapitel, die vom physikalischen Standpunkt und vor allem vom Standpunkt der Funktionsziele aus ergiebiger sind.

## 2. Wärmelehre

An die Mechanik schließt sich im allgemeinen die Wärmelehre an. Sie kann nicht den Sinn haben, den Schüler phänomenologisch mit möglichst vielen Erscheinungen der Wärme bekannt zu machen. Der phänomenologische Teil sollte in der Unterstufe erledigt werden. In der Wärmelehre treten dem Schüler zwei Dinge entgegen, die ihm neue Perspektiven eröffnen:

1  Das Energieprinzip in seiner Ausweitung,

2. die kinetische Theorie der Materie.

Auf diese beiden Themen sollte man sich bei der Durchnahme der Wärmelehre beschränken, sie dafür aber um so eindringlicher herausstellen.

Es muß auf die Bedeutung des 1. Hauptsatzes hingewiesen werden, der als Prinzip der Erhaltung der Energie einen Sinn gewinnt, der über Mechanik und Wärmelehre hinausweist und ein alle Gebiete der Physik umspannendes tragendes Prinzip darstellt. Dieses Prinzip hat eine Geschichte, die wiederum nicht bloße Historie ist, sondern ein Stück Problemgeschichte der Physik. Durch dieses Prinzip rücken alle Gebiete der Physik unter einem neuen Gesichtspunkt zusammen.

Der 1. Hauptsatz bedarf zu seinem vollen Verständnis der kinetischen Wärmetheorie. Hier tritt nun dem Schüler zum ersten Male das Beispiel einer Theorie besonders deutlich gegenüber. Es muß darauf hingewiesen werden, daß eine solche Theorie nur dann echte Theorie ist, wenn sich die Erscheinungen und experimentellen Ergebnisse als Folgerungen jener ergeben. Ist das auch nur bei einem einzigen Experiment nicht der Fall, so muß die Theorie abgeändert, bzw. aufgegeben werden.

Es ist in der Schule nicht möglich, alle aus der Unterstufe bekannten Erscheinungen der Wärmelehre aus der kinetischen Theorie der Materie herzuleiten. Man sollte es aber doch an einem Beispiel tun, und zwar eignet sich am besten hierzu das Boyle-Mariottesche Gesetz. Bei den anderen Erscheinungen wird man sich mit qualitativen Betrachtungen und Demonstrationen begnügen, bei denen man freilich darauf hinweisen muß, daß diese Phänomene einer exakten Herleitung aus der Theorie bedürfen.

Wenn die allgemeine Gasgleichung bereits auf der Unterstufe durch die experimentelle Erarbeitung des Gay-Lussacschen und Amontonsschen Gesetzes vorbereitet ist, so kann man sie an dieser Stelle leicht einführen. Die physikalische Bedeutung ist die, daß man zwei universelle Konstanten gewinnt, den absoluten Nullpunkt und die universelle Gaskonstante. Auf die Bedeutung derartiger Konstanten wird man freilich an dieser Stelle noch nicht eingehen können. Man könnte höchstens auf den Unterschied von individuellen Konstanten und universellen Konstanten hinweisen und darauf, daß gerade die letzteren wegweisend für die Auffindung tieferer Zusammenhänge gewesen sind.

Bei diesem Aufbau wird auf die Durchnahme der Aggregatzustände, die ja in der Unterstufe erfolgt, verzichtet, ebenso auf das Thema der gesättigten und ungesättigten Dämpfe, obwohl man durch sie einen tieferen Einblick in das Sieden einer Flüssigkeit gewinnt. Dagegen erscheint mir ein Ausblick auf den 2. Hauptsatz notwendig zu sein, um irreversible Prozesse verständlich zu machen. Der Begriff der Entropie dagegen dürfte für den Schüler nur sehr schwer erfaßbar sein.

Zusammenfassend ergeben sich folgende Funktionsziele für dieses Kapitel der Wärmelehre:

1. Erkennen, daß Theorien notwendig sind, um physikalische Tatsachen einheitlich zu beschreiben und in einen Begründungszusammenhang zu bringen.

2. Erkennen, daß durch Theorien eine die verschiedenen Sinnesempfindungen umgreifende Zusammenfassung von Gebieten möglich wird (Kinetische Theorie der Materie).

3. Erkennen, daß Theorien kein Wissensersatz, sondern physikalische Erkenntnis sind.

4. Einsicht in die Natur der physikalischen Konstanten gewinnen.

### 3. Gründe für den weiteren Aufbau der Physik

Man wird bemerkt haben, daß in diesen Gebieten der Physik bereits die meisten der auf den Seiten 35 und 36 aufgezeigten Ziele erstrebt werden können und auch die verbleibenden mit Hilfe der Exempla aus diesem Stoff erreichbar sind. Trotzdem ist es natürlich nicht möglich, sich auf diesen Stoff zu beschränken.

Die Gründe dafür sind folgende:

1. Aus den behandelten Gebieten würde sich ein rein mechanistisches Weltbild ergeben.

2. Ein Funktionsziel läßt sich nicht mit Hilfe nur eines Exemplums verdeutlichen.

3. Der Schüler, der natürlich eine Anzahl von Tatsachen aus der neueren und neuesten Physik kennt, würde den Eindruck gewinnen, daß er nur über ein bruchstückhaftes Wissen der Physik verfügt.

4. Da die moderne Physik eine hervorragende geistesgeschichtliche Bedeutung besitzt, würde eine geistesgeschichtliche Betrachtung der Neuzeit eine derartige Lücke aufweisen, die eine Standortbestimmung unmöglich macht.

5. Die moderne Physik hat naturphilosophische Probleme aus sich entlassen, die einen wesentlichen Beitrag zum Seinsverständnis und zum Selbstverständnis des Menschen liefern.

6. Die Umwelt des Menschen ist durch die neuere und neueste Physik in entscheidender Weise mitgestaltet worden. Eine Orientierung in dieser Umwelt, vor allem aber ihre Beurteilung von einem geistigen Standpunkt aus, wäre nicht mehr möglich.

7. Der Systemcharakter der Physik bleibt unverständlich, wenn nur ein Teil der Physik oberstufenmäßig betrachtet wird, der andere jedoch in seiner unterstufenmäßigen, mehr phänomenologischen Darstellung belassen bleibt.

8. Gerade die verbleibenden Gebiete zeigen in hervorragender Weise, daß der Mensch die Phänomene nicht nur hinnimmt und eine Erklärung versucht, sondern daß er gestaltend in sie eingreift, daß er sie gleichsam geistig und tatsächlich neu produziert und nicht durch Betrachten allein, sondern durch seine Tat zu neuen Erkenntnissen gelangt.

9. Gerade die neue Physik ist geeignet, das Verhältnis von Naturwissenschaft und Technik und weiter das Verhältnis von Technik und Kultur darzustellen.

### 4. Elektrizitätslehre

Aus den genannten Gründen ist es nunmehr notwendig, die Elektrizitätslehre oberstufenmäßig aufzubauen. Dabei geht es nicht so sehr darum, das Verständnis ihrer Anwendungen zu erstreben, so wenig wir es als ein Ziel der Wärmelehre ansahen, Kenntnisse über Wärmekraftmaschinen zu gewinnen. Die Elektrizitätslehre sollte in der Oberstufe unter das Ziel des Verständnisses der modernen Physik gestellt werden. Und man sollte alles das weglassen, was diesem Ziele nicht unmittelbar dient, was also bloße Kenntnisvermittlung ist. Zu diesen auszusparenden Gebieten rechne ich z. B. die Schaltung von Kondensatoren, die Messung der Polstärke eines Magneten, die magnetische Sättigung, die Hysteresisschleife usw. Wenn diese Themen auch Beiträge zu einem vertieften Verständnis gewisser Erscheinungen geben können, so verwirren sie doch durch ihre Vielfalt.

Sie stellen in der Regel nichts Bleibendes dar und werden zumeist vergessen, weil die Einordnung in den Gesamtzusammenhang doch niemals eindringlich genug vollzogen werden kann. In der Unterstufe sollten bereits eine Reihe von Grundtatsachen der Elektrizitätslehre — ebenfalls unter Verzicht auf Vollständigkeit — durchgenommen werden. Nur wenn sie unter diesem Verzicht wirklich befestigt sind, läßt sich auf der Oberstufe darauf zurückgreifen. Im anderen Falle kennen viele Schüler, wenn auf der Oberstufe die Elektrizitätslehre durchgenommen wird, nicht einmal mehr das Ohmsche Gesetz, sie haben von Ladung, Stromstärke und Spannung nur ganz unklare Vorstellungen, sie wissen nichts von Induktion, selbst wenn sie in der Unterstufe behandelt wurde. Der Lehrer steht vor der Aufgabe, von vorn anfangen zu müssen.

In der Mathematik sehen die Dinge im allgemeinen nicht so schlimm aus. Der Grund dafür kann nur der sein, daß der Stoff in der Mathematik — auf Grund jahrzehntelanger Erfahrung — so beschränkt und durch Übungen so befestigt wurde, daß es eben in der Oberstufe nicht mehr nötig ist, von vorn anzufangen, den Begriff der negativen Zahl, der Wurzel neu zu klären oder Rechengesetze noch einmal so durchzunehmen, als wären sie niemals behandelt worden. Daß es im Physikunterricht anders ist, liegt nicht allein daran, daß die Physik für den Schüler schwerer ist als die Mathematik. Es liegt vorwiegend an dem Mangel an Übung, die zugunsten der Systemerarbeitung vernachlässigt wurde. Wenn die Physik schwerer ist, dann sollte man gerade auf die Einübung die notwendige Zeit verwenden und nicht nur daran denken, daß der Stoff bewältigt wird, der dann schließlich doch nicht Bestand hat.

Auch die Unterstufenphysik, gerade in der Elektrizitätslehre und Optik, sollte stärker als bisher an der Oberstufenphysik orientiert sein und nicht nur der möglichst ausführlichen Erarbeitung von Phänomenen dienen, die als Einzelwissen allzu schnell vergessen werden.

In der Unterstufe sollten außer den Grundtatsachen der strömenden Elektrizität folgende Themen qualitativ behandelt werden: die elektrische Ladung, die Induktion, der Wechselstrom, die Elektrizitätsleitung in Gasen, die Elektronenröhre.

Für die Oberstufenbehandlung der Elektrizitätslehre sollten zwei physikalische Ziele maßgebend sein: die elektromagnetischen Wellen und die Atomphysik.

Dazu ist es notwendig, das elektrische und magnetische Feld und den Zusammenhang beider Felder zu behandeln. Eine qualitative Behandlung genügt hier freilich nicht, weil die Bedeutung bestimmter Maßgrößen herausgestellt werden muß. Ich bin allerdings der Meinung, daß die quantitativen Betrachtungen in vielen Lehrbüchern einen allzubreiten Raum einnehmen und schließlich doch nicht zum Tragen kommen. Die quantitativen Überlegungen, bzw. die Mitteilung des Ergebnisses solcher Überlegungen, haben ja doch nur dann einen Sinn, wenn wirklich exakte Ableitungen aus diesen Überlegungen oder Ergebnissen möglich wären. Das ist nicht der Fall. Wozu aber soll diese bloße Mitteilung dienen, wenn man, wie z. B. bei der Durchnahme der elektromagnetischen Wellen, doch nicht an die quantitativen Betrachtungen oder Mitteilung der Ergebnisse, z. B. der Maxwellschen Gleichungen, anknüpft? Hier ist die Hochschulphysik unverarbeitet in die Schule eingedrungen. Und man sollte sich — wie man es in der Mathematik längst getan hat — von der Auffassung völlig freimachen, daß die Physik in der Schule auf den Spuren der Hochschulphysik wandeln müsse.

Man sollte also mit möglichst wenigen Gleichungen auszukommen versuchen, d. h. von denjenigen absehen, für die kein tieferes Verständnis erwartet werden kann. Vielfach verschwindet auch der Sinn dieser Gleichungen hinter dem Formalismus.

Dagegen sollte man gerade in dem Gebiet der Elektrizitätslehre mehr Zeit auf Übungen verwenden, nicht sosehr auf Meßübungen, sondern auf gedankliche Übungen, bei denen der Schüler sich selbst Rechenschaft darüber ablegen kann, wieweit er das Gebiet verstanden hat. Reine Meßübungen oder Schaltübungen, die oft nur mit Hilfe von Formeln oder von bastlerischen Fähigkeiten durchgeführt werden können, tragen zum Verständnis manchmal wenig bei. Bei allen Übungen sollte es sich um wirkliche physikalische Probleme handeln. Damit unterscheiden sich die Übungen der Oberstufe von denen der Unterstufe, bei denen es auch sehr stark um Einübung und Befestigung geht, wenn auch auf dieser Stufe schon einfache Probleme gelegentlich als Übungsaufgaben gestellt werden können.

Als Funktionsziele dieses Kapitels lassen sich folgende nennen:

1. Einsehen, daß für bestimmte Gebiete der Physik die mechanische Darstellung unzureichend ist.
2. Erfahren, daß die Physik mit Modellvorstellungen arbeiten muß.
3. Erfahren, daß Experimente dem Ausbau einer Theorie dienen.
4. Erfahren, wie durch zusätzliche Bilder eine Theorie an Geschlossenheit gewinnen kann (Verschiebungsstrom).
5. Einsicht in die Natur des physikalischen Raumes gewinnen, der nicht dasselbe ist wie der gometrische Raum.

In den Lehrbüchern wird anschließend an das elektrische und magnetische Feld der Wechselstrom vertieft behandelt. Für die Behandlung spricht die große technische Bedeutung. Eine qualitative Behandlung sollte bereits auf der Unterstufe erfolgt sein, die etwa bis zum Transformator und zur Übertragung elektrischer Energie führen kann. In der Oberstufe sollte man auf die technischen Anwendungen weitgehend verzichten. Dagegen empfiehlt es sich im Hinblick auf das Verständnis des Thomsonschen Schwingungskreises, die Rolle des Kondensators und der Selbstinduktionsspule im Wechselstromkreis zu besprechen und daran die Hintereinander- und Parallelschaltung von Kondensator und Spule anzuschließen. Die

Versuche, wie sie in dem Lehrbuch von *Höfling* auf S. 438/439 beschrieben sind, eignen sich hervorragend als Problemaufgaben für den Schüler, schon deshalb, weil sie von einer „erstaunlichen Feststellung" ausgehen, nämlich, daß bei Reihenschaltung der Gesamtwiderstand kleiner sein kann, als es der induktive und kapazitative für sich ist, und daß bei Parallelschaltung das vom Gleichstrom her bekannte Gesetz nicht gilt, daß die Gesamtstromstärke gleich der Summe der Stromstärken der Teilströme sein muß. Die Schwingungsformel für den Thomsonschen Schwingungskreis ergibt sich nunmehr ziemlich leicht.

Die Behandlung der Elektrizitätsleitung in Elektrolyten, in Gasen und im Vakuum erscheint an dieser Stelle überflüssig, wenn man sich das Ziel gesetzt hat, die Brücke zur Optik durch die Behandlung der elektromagnetischen Wellen zu schlagen. Dieses Kapitel gehört eher vor die Durchnahme der Atomphysik. Dagegen könnte man am Schluß der Elektrizitätslehre noch ein Funktionsziel anstreben, nämlich zu zeigen, in welcher Weise die Naturwissenschaft die Umwelt des Menschen verwandelt hat, wie oft so bescheiden und einfach erscheinende Experimente, von Forschern in dürftig ausgestatteten Laboratorien ausgeführt, ja wie sogar Theorien, am Schreibtisch ersonnen, zu einer Umgestaltung der menschlichen Lebensweise geführt haben. Der Physiker sollte es nicht verschmähen, in seinen Stunden auch einmal eine dichterische Darstellung zu Wort kommen zu lassen, z. B. diejenige *Stefan Zweigs* in *Sternstunden der Menschheit: Das erste Wort über den Ozean.*

### 5. Wellenlehre und Optik

Ehe man nun in das Gebiet der Optik eintritt, sollte man an dieser Stelle die Schwingungslehre und die Wellenlehre einschalten. Auch hier ist es nötig, sich bei mathematischen Ableitungen auf ein Mindestmaß zu beschränken. Experimentelle Demonstrationen und wenige Zeichnungen sind eindringlicher als Formeln, mit denen in der Regel doch nicht weitergearbeitet wird.

Bei den Schwingungen sollte man sich nicht auf die Betrachtung mechanischer Schwingungsvorgänge beschränken und deshalb schon hier den Thomsonschen Schwingungskreis durchnehmen.

Die Optik der Oberstufe steht unter dem Gedanken, eine Modellvorstellung und eine Theorie des Lichts zu gewinnen. Aus gutem Grunde beginnen die meisten Lehrbücher die Optik mit der Frage nach der Lichtgeschwindigkeit. Hierbei kann man sich auf zwei Methoden der Bestimmung der Lichtgeschwindigkeit beschränken, auf die *Römersche* (aus historischen Gründen) und auf die *Foucaultsche*, die heute bereits als Schulversuch durchgeführt werden kann. Die Tatsache, daß das Licht eine Geschwindigkeit besitzt, d. h. zu seiner Ausbreitung eine bestimmte Zeit braucht, legt die erste Modellvorstellung des Lichts nahe, daß es sich nämlich beim Licht um Korpuskeln handelt, die mit ungeheurer Geschwindigkeit von der Lichtquelle ausgeschleudert oder von nichtleuchtenden Körpern zurückgestrahlt werden. Es folgt nun die Überprüfung, ob diese Modellvorstellung geeignet ist, die bekannten optischen Phänomene zu beschreiben. An diese Überlegungen schließt sich die Behandlung der Interferenz- und Beugungserscheinungen an. Man sollte sich auf diejenigen beschränken, bei denen man zur späteren Erklärung mit Hilfe des Wellenmodells keine größeren Rechnungen braucht.

Es ist nun zu zeigen, daß die Interferenzerscheinungen aber auch die Erscheinungen, die eine Beschreibung durch das mechanische Modell erlauben, mit Hilfe des Wellenmodells beschrieben werden können.

Eine Entscheidung darüber, welches Modell vorzuziehen ist, bietet der *Foucaultsche* Versuch, durch den man die Lichtgeschwindigkeit in einem anderen durchsichtigen Medium bestimmen kann.

*Duhem* hat darauf hingewiesen — und dieser Hinweis darf den Schülern nicht vorenthalten werden, — daß durch den *Foucaultschen* Versuch nicht etwa die absolute Richtigkeit des Wellenmodells bewiesen ist; denn Licht könnte ja noch etwas ganz anderes sein, d. h. durch ein ganz anderes Modell dargestellt werden als durch ein Korpuskel- oder Wellenmodell.

Die Polarisationserscheinungen, bei denen man sich auf die wichtigsten beschränken sollte, lösen die Frage nach der Natur der Wellen und führen in die bekannten Schwierigkeiten, die mit dem Ätherproblem zusammenhängen. Der Weg aus diesen Schwierigkeiten wird durch die elektromagnetische Wellentheorie gewiesen, deren qualitative und experimentelle Behandlung sich nunmehr anschließt.

Das Ziel dieses Aufbaus ist die Erklärung des elektromagnetischen Spektrums, das in diesem Stadium der Betrachtung noch Lücken aufweist. Das ist kein Schaden, im Gegenteil! Es zeigt sich nämlich bei einer derartigen Darstellung physikalischer Erkenntnisse mit Hilfe einer physikalischen Symbolsprache, in die in entscheidender Weise die Zahl eingeht, die Überlegenheit dieser Darstellung über jede andere sprachliche Formulierung. Nur eine solche Darstellung ist „ein Wegweiser in neues, bisher nicht erforschtes Gebiet" [26].

Voraussetzung für eine derartige Symbolsprache ist dabei, daß man den Gegenstand zahlenmäßig durch Messung erfassen kann. Deshalb wird man die Wellenlänge des Lichts und die der elektromagnetischen Wellen wirklich messen.

Die Wellenskala zeigt auch noch, welch kleiner Bereich der Welt von uns wirklich wahrgenommen werden kann. Diese Feststellung darf nun nicht etwa dazu führen, im Schüler den Glauben zu erwecken, daß das, was wir als Licht und Farben bezeichnen, lediglich primitive Einsichten in das Wesen des Lichts sind und daß das Licht durch die physikalischen Wellen erschöpfend beschrieben ist, d. h. daß die Wellen die eigentliche Lichtwirklichkeit darstellen. Gerade hier ist der Hinweis auf die Symbolhaftigkeit der physikalischen Beschreibung der Welt notwendig. (Hinweise auf *Goethes* Farbenlehre).

Die Ziele, unter die sich diese Betrachtungen stellen können, sind folgende:

1. Erkennen, daß geistreiche Überlegungen schwierige Messungen und Experimente möglich machen.

2. Erfahren, daß bei manchen Phänomenen eine Beschreibung durch verschiedene Modelle möglich ist.

3. Einsehen, daß nicht immer das einfachste Modell das richtige sein muß.

---

[26] *Cassirer*, a. a. O., Band III, S. 515.

4. Erfahren, daß sich verschiedene Gebiete der Physik durch eine Theorie zu einem einheitlichen Bau zusammenschließen.

5. Erkennen, daß die physikalische Symbolsprache keine abgekürzte Sprache, sondern eine Bedeutungssprache ist, die geeignet ist, die Gegenstandswelt der Physik zu beschreiben.

6. Einsehen, daß mit der Modellvorstellung des Lichtes nicht das Wesen des Lichtes erfaßt, sondern nur das Licht im physikalischen Sinne beschrieben wird.

7. Erfahren, daß ein entscheidendes Experiment zugunsten einer Theorie noch nicht die absolute Richtigkeit dieser Theorie begründet.

8. Erfahren, daß Theorien oft den Experimenten, die jene rechtfertigen, vorangehen und dem Experimentalphysiker den Weg für die Durchführung von wichtigen Experimenten weisen.

Unberücksichtigt ist bei diesem Aufbau das Kapitel Photometrie, das von den meisten Autoren in den Oberstufenbänden nicht mehr behandelt wird. Der Begriffsapparat, der bei oberstufenmäßiger Behandlung entwickelt werden müßte, ist erheblich und schwierig und das Thema verhältnismäßig unergiebig.

Wenn auch die technischen Anwendungen bei dieser Stoffauswahl sehr kurz kommen, so kann das zu Bedenken Anlaß geben. Manche dieser Anwendungen kann man im „Vorbeigehen" demonstrieren, z. B. die Einrichtung der Radargeräte, wenn man mit den heute im Lehrmittelhandel befindlichen Kurzwellengeräten die elektromagnetischen Wellen vorführt. Rundfunk, Fernsehen, Tonfilm, Hochfrequenztechnik dagegen sind nicht so einfach „mitzuerledigen".

Man kann sagen, daß diese technischen Errungenschaften einen so wesentlichen Teil unserer gegenwärtigen Welt bilden, daß der Gebildete über diese Dinge Bescheid wissen müßte. Muß der künftige Pfarrer, Literaturhistoriker, Jurist, Neuphilologe oder Schauspieler wirklich über sie Bescheid wissen? Genügt es nicht für ihn, daß er weiß, was elektromagnetische Wellen sind, daß er wirklich weiß, was Physik ist, anstatt nur undeutliche Kenntnisse in seinen Beruf mitgenommen zu haben? Ist es nicht wichtiger, daß er weiß, daß er gewisse Dinge nicht weiß?

Man kann umgekehrt fragen: Was weiß denn der künftige Physiker über die Dramaturgie, über das Recht, über die Dogmatik usw.? Im allgemeinen weiß er viel weniger darüber als die anderen Berufsangehörigen der sogenannten gebildeten Stände über die Physik wissen. Zumeist kennt er nicht einmal das Problem dieser Gebiete. Und diese Gebiete gehören nicht weniger zur „Welt um uns" als die Errungenschaften technischen Fortschritts.

Diese Tatsache sollte viele Physiklehrer beruhigen, die glauben, ihren Schülern ein Wissen um diese Dinge unbedingt auf den Weg mitgeben zu müssen.

Die Standortbestimmung des Menschen in dieser Welt vollzieht sich nicht allein im Wissen um bestimmte Dinge, sondern auch im Nichtwissen, wie das Beispiel des *Sokrates* zeigt. Der Glaube, etwas zu wissen, wird zum Aberglauben, wenn vom einstigen Wissen unklare Vorstellungen zurückgeblieben sind, von denen man noch immer glaubt, daß sie echtes Wissen darstellen. Dieses Scheinwissen stellt eine Gefahr im Zusammenleben der Menschen dar, weil der eine glaubt, das Wissen des anderen beurteilen zu können, und zwar aus dem Grunde, weil er es in der Schule erworben hat. Es kann zur Mißachtung des echten Wissens des anderen führen.

Beispiele aus verschiedenen Lebensgebieten lassen sich in Fülle aufweisen. Jeder glaubt über Schule, Religion, Politik sachverständig urteilen zu können, weil er selbst einmal eine Schule besucht hat, einer Religionsgemeinschaft angehört, die Zeitung regelmäßig liest. Er glaubt vielleicht sogar, es selber besser machen zu können als Lehrer, Pfarrer und Politiker. Die Schule, in der nur Wissen, aber nicht die philosophische Haltung des Nichtwissens gelehrt wird, trägt an derartigen Einstellungen ihre Mitschuld.

Hier bietet sich wieder ein echtes Funktionsziel an, auf das der Physiklehrer, und zwar nicht nur an dieser Stelle, hinarbeiten sollte: Innewerden, daß die Unkenntnis über einen Stoff nicht unbedingt eine Bildungslücke bedeutet. Diese Einsicht erzieht zugleich zur Bescheidenheit im Urteil über den anderen und sein Wissen. Sie verweist den Menschen in seine Grenzen und vermag daher einen Beitrag zu seinem Selbstverständnis zu leisten.

## 6. Mikrophysik

Nun zur Frage der Behandlung der modernen Physik, der Quantentheorie, der Relativitätstheorie, der Atomtheorie. Man könnte sich auf den Standpunkt stellen, daß alle diese Gebiete für die Schule viel zu schwierig seien, daß sie allenfalls nur populärwissenschaftlich behandelt werden können und man sie aus diesem Grunde lieber weglassen sollte. Da nun aber der Schüler von der modernen Physik bereits irgendwelche Vorstellungen hat, weil er fast täglich von ihren technischen Auswirkungen hört, wäre es eine Enttäuschung für ihn, wenn ihm die Schule dieses Gebiet vorenthielte. Das brauchte freilich noch kein Grund für die Schule zu sein, in die Behandlung der modernen Physik einzutreten. Bedenklicher ist schon, daß sich der Schüler in der populärwissenschaftlichen Literatur über dieses Thema selbst zu orientieren versucht und dann glaubt, darüber eingehend Bescheid zu wissen.

Es sei nichts gegen die populärwissenschaftlichen Darstellungen der modernen Physik gesagt, die zum Teil von bedeutenden Physikern gegeben wurden. Man kann diese Darstellungen sogar für den Unterricht heranziehen. Aber man muß eins bedenken: Sie sind unter ganz anderen Gesichtspunkten geschrieben als unter denen, die für das Bildungsziel der Schule maßgebend sind. Diese Schriften dienen der Mitteilung über die neueste Situation der Physik für einen interessierten Leserkreis. Der Physikunterricht dient aber nicht der Mitteilung. Der Leser derartiger Bücher ist damit zufrieden, wenn er nun etwa weiß, was ein Atom, was ein Lichtquant oder die Unbestimmtheitsrelation ist. Er ist mit diesem Wissen zufrieden und verbindet mit ihm kein weiteres Bildungsziel. Er hält zumeist das Wissen, das er auf diese Weise erworben hat, selbst für Bildung.

Die Schule aber muß derartiges berichtetes Wissen ablehnen, wenn es nur im Stadium des bloßen Berichtes bleibt und keine weitere

Bildungsfunktion erfüllt. Derartiges Wissen bildete ein Bruchstück im Ganzen der Bildung, das sich ihr niemals fugenlos einfügen könnte.

Welche Gründe sprechen nun weiter für die Behandlung der modernen Physik in der Schule?

1. Sie zeigt, daß die klassische Physik zum Erfassen bestimmter Phänomene nicht ausreicht.

2. Sie vermittelt einen vertieften Einblick in die Bauart der Materie.

3. Sie stellt einen Pfeiler für das Gebäude der Physik dar, der ein tragender Pfeiler ist.

4. Sie zeigt einen Wandel, der in der Denkweise über die Natur eingetreten ist.

5. Sie gibt neue naturphilosophische Probleme auf.

Wenn man daran geht, die moderne Physik zu behandeln, so muß man sich von dem Gedanken freimachen, daß dies unter Systemgesichtspunkten zu geschehen habe. Es geht in keiner Weise darum, die moderne Physik aufzubauen. Dieser Aufbau ist ja selbst in der Forschung noch im Gange. Er wird zudem durch die Theorie geleistet, und zwar durch eine Theorie, die der schwierigsten mathematischen Hilfsmittel bedarf.

Von dem Gedanken eines systematischen Aufbaus können sich die meisten Lehrbücher nicht lösen. Da aber dieser Aufbau wissenschaftlich im Schülerlehrbuch nicht zu leisten ist, muß die berichtende Erzählung immer wieder eingeschaltet werden. Die Gefahr dabei ist die, daß auf diese Weise ein Scheinaufbau vorgeführt wird, bei dem die großen theoretischen Schwierigkeiten verborgen bleiben.

Diese Feststellungen haben nun nicht den Sinn, die Mitteilung zu verpönen. Die Mitteilung hat durchaus auch in der Forschung ihre Berechtigung, und zwar teilen die Experimentalphysiker den theoretischen Physikern die Ergebnisse ihrer Experimente mit, und diese weisen jenen auf Grund ihrer theoretischen Überlegungen den Weg, bestimmte Experimente auszuführen. Der Theoretiker prüft in der Regel die Experimente des Experimentalphysikers nicht nach, sondern er vertraut ihnen. Auch diese Arbeitsteilung ist charakteristisch für die moderne physikalische Forschung. Das sollte auch dem Schüler am Beispiel deutlich gemacht werden. Er sollte auch darauf hingewiesen werden, daß die Gebiete der modernen Physik sich schon in ihrer Bezeichnung als Theorie ausweisen. Dadurch ist in ihnen ein wesentlich anderes Vorgehen notwendig, als es in der klassischen Physik der Fall war, bei der zumeist Experiment und Theorie Hand in Hand gingen und deren Erbauer Theoretiker und Experimentatoren in einer Person waren.

Wenn die Schulphysik es als Dogma betrachten würde, daß — wie es in der klassischen Physik der Fall war — Experiment und Theorie immer nur in unmittelbarer Verbindung miteinander auftreten (die Maxwellschen Gleichungen sind in der klassischen Physik eine Ausnahmeerscheinung), so bliebe die Kühnheit der Ansätze in der modernen Physik weitgehend unverständlich. Die Experimente, die diese Ansätze rechtfertigten, wurden zum Teil Jahrzehnte später ausgeführt. Das sollte der Schüler erfahren, und es sollte ihm keine Darstellung geboten werden derart, als habe sich aus gewissen Experimenten in ganz natürlicher und selbstverständlicher Weise eine neue Theorie und eine neue Modellvorstellung ergeben. Die Theorien ergaben sich keineswegs zwangsläufig aus den experimentellen Ergebnissen, sondern bedeuteten einen wagemutigen Vorgriff. Wenn heute die Lehrmittelindustrie bereits eine ganze Reihe von Apparaturen herausgebracht hat, mit deren Hilfe man die Experimente vorführen kann, die die Theorien der modernen Physik bestätigen, so ist das zweifellos eine sehr dankenswerte Hilfe für die Schule. Diese Tatsache darf aber den Physiker nicht dazu verführen, der Methode der modernen Physik Gewalt anzutun. Daß die Theorien den Experimenten vorangingen, die jene bestätigen, ist keineswegs eine nur historisch zu wertende Angelegenheit. Sie ist kennzeichnend für die Methode der Physik, die, in je größere Höhen sie vordringt, ihre ihr gemäße Methode um so nachdrücklicher zur Anwendung bringen muß, nämlich die Theorie dem Experiment voranzustellen. Gewisse experimentelle Ergebnisse sind zwar der Anlaß gewesen, neue Theorien zu ersinnen, aber sie gaben zunächst keinerlei Begründung für die Theorie.

Und deshalb verfährt der Lehrer eigentlich falsch, der ein Experiment vorführt und die Theorie als notwendige Folgerung dieses Experiments darstellt.

Hierin liegt eine der größten Schwierigkeiten für die Behandlung der modernen Physik in der Schule; denn es ist oft unmöglich, diese Theorien zur Darstellung zu bringen. Zumindest sollte dieser Dreischritt „Anlaß — Theorie — bestätigendes Experiment" wiederholt aufgezeigt werden.

Vor dem Eintritt in die moderne Physik muß man die wichtigsten der Tatsachen besprechen, die zur Aufstellung der einfachsten Atommodelle geführt haben, des mechanischen und des Thomsonschen [1]). Hierbei kann man weitgehend auf Kenntnisse zurückgreifen, die im Chemieunterricht erworben wurden, z. B. auf die Begriffe Atomgewicht, Kilogrammatom, die Gesetze der Elektrolyse usw. Man sollte an dieser Stelle auch auf eine historische Quelle zurückgreifen, nämlich *Daltons* Schrift *A new system of chemical philosophy* (1808). *Ein* Abschnitt daraus ist in meinem Buche *Von Demokrit bis Heisenberg* (III. Teil, S. 85 ff.) in der Übersetzung abgedruckt.

Zur Ermittlung der Größe des Atoms dient der bekannte Ölfleckversuch, für den in der Literatur verschiedene Anweisungen vorliegen. Von ihm aus gelangt man zur Abschätzung der Loschmidtschen Zahl und zur Ermittlung der Masse des Atoms.

Die Messungen und Berechnungen ergeben zumeist nur die Größenordnung der betreffenden Konstanten. Daher ist es notwendig, den Schüler darauf hinzuweisen, daß der Schule nur beschränkte Möglichkeiten für die Durchführung derartiger Versuche gegeben sind. Der Schüler muß einsehen, daß ein Versuch, der in einer Unterrichtsstunde durchgeführt wird und bei dem eine Fülle von störenden Einflüssen außer acht gelassen werden muß, nicht zu dem gleichen

---

[1]) Für die Durchnahme der Atomphysik sei vor allem das Buch von *Heinz Schröder*, Atomphysik in Versuchen, (Braunschweig 1959), hingewiesen, das bei der Abfassung dieser Arbeit noch nicht vorlag. Es bietet eine ausgezeichnete Darstellung der atomphysikalischen Versuche, die in der Schule durchgeführt werden können.

Ergebnis führen kann wie die mühevollen, oft Jahre dauernden Versuchsreihen, die in den Laboratorien bedeutender Forscher angestellt wurden. Auf diese Weise wird der Schüler vor diesen Leistungen die notwendige Achtung gewinnen. Er wird auch erkennen, daß das Ergebnis des Schulversuchs nun nicht einfach als falsch bewertet werden kann, weil er nur die Hälfte oder noch weniger des genauen Wertes ergab.

Alle diese Versuche dienen zunächst der Entwicklung des rein mechanischen Atommodells. Zusamenfassend ist nunmehr festzustellen, was dieses Atommodell leistet und was es nicht mehr leistet, d. h., welche physikalischen Erscheinungen und Versuchsergebnisse damit erklärt werden können. Diese Betrachtung führt zu der Einsicht, daß für eine Reihe von Erscheinungen dieses mechanische Atommodell nicht mehr ausreicht. Es sind dies die elektrischen Eigenschaften des Atoms.

Die Kapitel der „Elektrizitätsleitung in Elektrolyten" und „Elektrizitätsleitung in Gasen und im Vakuum" sollten unter den Gedanken gestellt werden, den Begriff des Elektrons zu erarbeiten. Die e/m-Bestimmung läßt sich schon mit einfachen Mitteln durchführen, wenn eine Braunsche Röhre zur Verfügung steht.

Die technischen Anwendungen sollten bei diesem Thema nicht berücksichtigt werden, da sie vom eigentlichen Sinn der Aufgabe ablenken (Elektronenröhren, Elektronenmikroskop usw.).

Bei dem nun folgenden Vorschlag handelt es sich nicht darum, in der Schule Quantentheorie, Atomtheorie oder Kernphysik zu betreiben, sondern den Quantenbegriff, den modernen Atombegriff und das Problem des Atomkerns zu demonstrieren, soweit es schulisch überhaupt möglich ist.

Der experimentelle Anlaß, der zur Überwindung des Thomsonschen Atommodells führte, liegt in den Untersuchungen *Lenards* und *Rutherfords*. Da diese Experimente nicht in der Schule durchgeführt werden können, dürfte es sich empfehlen, die Originalarbeiten *Lenards* — wenigstens in Auszügen — zu lesen. Die entscheidende Arbeit ist der im Jahre 1903 erschienene Aufsatz *Über die Absorption*

*von Kathodenstrahlen verschiedener Geschwindigkeiten,* [27] der eine
Berechnung des Atomkernradius enthält. Durch diese Arbeit wird vor
allem auch die Leere des Atominnern auf Grund experimenteller
Erkenntnisse aufgewiesen. In seinem Nobelvortrag hat *Lenard* die
Ergebnisse seiner Arbeiten noch einmal zusammengefaßt. Auch dieser
Vortrag ist eine ausgezeichnete Lektüre für die Oberstufe [28]. In der
zweiten Auflage dieses Vortrages vom Jahre 1920 findet sich auch
eine Darstellung des Rutherfordschen Atommodells und ein Hinweis
auf das Bohrsche.

Während im Lenardschen Modell der Atomkern (von *Lenard* Dyna-
mide genannt) lediglich ein Kraftzentrum darstellt, das Kathodenstrahlen zu absorbieren vermag, ist im Rutherfordschen Atommodell
nun auch nahezu die ganze Atommasse im Kern konzentriert. Diese
Tatsache ergab sich aus dem von *Rutherford* durchgeführten Beschuß
von dünnen Metallfolien mit α-Strahlen und deren Ablenkung.

Es ist nunmehr notwendig, darauf hinzuweisen, daß mit Hilfe des
Rutherfordschen Modells sehr viele experimentell gewonnene Einsichten erklärt werden können, jedoch die Stabilität dieses Modells
ein Rätsel war. Sie ist mit Hilfe der klassischen Physik nicht erklärbar.

Ehe man sich dem Bohrschen Atommodell zuwendet, ist es notwendig,
eine Einführung in die Quantenphysik zu geben, wenn man es nicht
vorzieht, diese an die Optik anzuschließen, um damit auf die Doppel-
natur der Strahlung hinzuweisen.

*Planck* gewann seine Anregungen für die Quantentheorie bekanntlich
aus den Strahlungsgesetzen des absolut schwarzen Körpers. Diese
sind der experimentelle Anlaß für das Aufstellen einer neuen Theorie.
Da das Rayleighsche Strahlungsgesetz, das exakt aus der klassischen
Physik abgeleitet war, mit der Erfahrung nicht übereinstimmte,
mußte *Planck* einen nichtklassischen Ansatz machen. Man braucht
nicht unbedingt die Formel des Rayleighschen Gesetzes zu bringen.

---


[27] *Poggendorf*, Annalen der Physik, Vierte Folge, Band 12, S. 714—744,
(Leipzig 1903).
[28] *P. Lenard*, Über Kathodenstrahlen, 2. Auflage, (Berlin und Leipzig
1920).

Es genügt die zeichnerische Darstellung der beiden voneinander abweichenden Kurven. Erst später durchgeführte Experimente (*Lenard* 1902) rechtfertigen den Ansatz. Versuche, die die Bestätigung dieses Ansatzes zeigen, sind u. a. von *Seus* angegeben worden. (*Ein Versuch zur Quantentheorie* in *Praxis der Physik/Chemie* 5. Jahrg. Heft 4, S. 87), von *Hecht* (*Experimentelle Begründung der Quantenphysik* in *Zeitschrift für den Mathematischen und Naturwissenschaftlichen Unterricht* 9. Band, 9. Heft S. 385 ff.), von *Schröder* (*Die Abschätzung des elementaren Wirkungsquantums mit einfachen experimentellen Hilsmitteln* in *Praxis der Physik/Chemie*, 4. Jahrg. Heft 1. S. 1 ff.) und von *Gronau* (*Physikalisches Experimentierbuch* (1956) S. 240 ff.) ebenso in bekannten Lehrbüchern.

Nunmehr sind die Voraussetzungen für das Verständnis des Bohrschen Atommodells gegeben. Die experimentelle Bestätigung dieser Modellvorstellung liefern die Serienspektra und der Franck-Hertz-Versuch. Für die Durchführung dieser Versuche in der Schule liegen in der Literatur eine ganze Reihe von Darstellungen vor, bzw. es sind von der Lehrmittelindustrie entsprechende Geräte hergestellt worden.

Die Theorie des Atomkerns hat ihren experimentellen Anlaß in der Radioaktivität. Die experimentelle Bestätigung dieser Theorie stellen die bekannten Versuche mit dem Geigerschen Spitzenzähler und der Wilsonschen Nebelkammer dar, die heute im allgemeinen in den Schulen durchgeführt werden können.

Wieweit man die hier genannten Themen noch ein Stück weiter verfolgt, wird sich nach den Umständen richten. Hier lassen sich kaum allgemeine Richtlinien geben. Jedoch dürfte es nach diesen Vorbereitungen ohne weiteres möglich sein, einige Ausblicke z. B. auf die Kernspaltung zu geben.

Wenn ich die Relativitätstheorie hier nicht berücksichtigt habe, so geschah das aus dem Grunde, weil ihre Grundlagen im allgemeinen die Fassungskraft der Schüler übersteigen, und weil es keine Möglichkeit gibt, sie in der Schule experimentell zu bestätigen.

Man könnte höchstens an Hand des Michelsonversuchs darauf hinweisen, daß unsere klassische Mechanik nicht ausreicht, um diesen

Versuch zu erklären und auch hier wieder ein „Umsturz" im Weltbild notwendig ist.

Welche Funktionsziele lassen sich nun an der modernen Physik herausstellen? (Einschränkend muß jedoch gesagt werden, daß diese Ziele nur bis zu einem gewissen Grade erreichbar sind).

1. Vertiefte Einsicht in den Begriff eines Modells gewinnen.

2. Erfahren, was eine Theorie ist, und was Theorien für die Naturwissenschaft bedeuten.

3. Erkennen, daß Begriffe, die der Beschreibung der Wahrnehmungswelt dienen, für die Beschreibung atomarer Vorgänge oft nicht zureichend sind (Beispiel: Quantensprung).

4. Einsehen, daß aus diesem Grunde die physikalische Erkenntnis immer abstraktere Formen annimmt.

5. Erkennen, daß die Frage nach der „Wirklichkeit" der Atome ein schwieriges naturphilosophisches Problem darstellt.

6. Am Beispiel der Geschichte des Atombegriffes einen Einblick in den Weg physikalischer Forschung gewinnen.

7. Auf Grund dieser Geschichte lernen, daß physikalische Forschung nie am Ende ist, wie man es noch in bezug auf den Aufbau der Physik gegen Ende des vorigen Jahrhunderts geglaubt hatte.


### 7. Astrophysik

Ich möchte am Schluß der Stoffbetrachtung noch ein Wort über die Frage anfügen, wieweit man die Astrophysik behandeln soll. Zweifellos stellt sie in einer Zeit, in der man sich mit Problemen der Weltraumfahrt befaßt, ein besonders reizvolles Thema dar. Manche Schulbücher haben der Astrophysik auch ein Kapitel eingeräumt. Wir sind nicht der Meinung, daß die Behandlung dieses Themas ein besonderes Problem ist, sofern es sich dabei nur um eine phänomenologische Beschreibung des Kosmos handelt. Anders liegen natürlich die Dinge, wenn man auf schwierigere astrophysikalische Fragen eingehen oder gar das Problem der Endlichkeit oder Unendlichkeit der Welt zur Diskussion stellen wollte. Es gibt bekanntlich vereinfachte Demonstrationen dieser Endlichkeit. Ich meine, daß man auch der Astrophysik einen bescheidenen Raum in der Physik einräumen sollte; denn schließlich handelt es sich dabei um die Welt, in der wir leben, wenn auch nicht unmittelbar, aber in die doch der menschliche Geist hineinleuchtet und deren Kenntnis durch die Physik bis zu einem gewissen Grade erschlossen wurde. Hier wird dem Schüler der große Bogenschlag deutlich, der mit Hilfe der Physik zwischen der Welt des unvorstellbar Kleinen und der Welt des ebenso unvorstellbar Großen durchgeführt werden konnte. Der Mensch in seinen Dimensionen steht zwischen beiden Welten, und er kann mit seinen Sinnen und mit den seinen Sinneserfahrungen entnommenen Begriffen in keine von ihnen tiefer eindringen. Und doch hat sein Geist den Weg der Erkenntnis dieser Welten beschritten. Das darf den Menschen nicht zur Überheblichkeit und zur Überschätzung dieses Geistes führen, sondern zur „zunehmenden Bewunderung und Ehrfurcht", wie es *Kant* im Beschluß seiner *Kritik der praktischen Vernunft* zum Ausdruck gebracht hat. Nicht nur „der bestirnte Himmel über mir" sondern auch die Welt der Mikrophysik sollen den Menschen zum Nachdenken über sich selbst und seine Stellung in der Welt führen, wie es in den Darlegungen *Kants* geschieht. Man sollte diese ruhig auch im Unterricht bringen.

Atomphysik und Astrophysik geben gewisse naturphilosophische Probleme auf, von denen der Schüler manchmal schon etwas gehört hat. Man sollte diesen Fragen nicht ausweichen, aber sich doch bei der Erörterung größte Zurückhaltung auferlegen, vor allem aber es vermeiden, in gewagte Spekulationen einzutreten. Auch bei Darlegungen bedeutender Physiker über naturphilosophische Fragen ist dem Schüler zu sagen, daß es sich dabei nicht etwa um naturwissenschaftliche Forschungsergebnisse handelt, die sich zwangsläufig aus den neuesten Erkenntnissen ergeben, daß im Gegenteil die Ansichten darüber sehr unterschiedlich sind. Leider haben derartige Darstellungen auch in unseren Lesebüchern Eingang gefunden, und da der Schüler geneigt ist, alles was in seinen Schulbüchern gedruckt steht, für richtig zu halten, so bilden solche Darstellungen eine gewisse Gefahr, sowohl dann, wenn sie vom Schüler kritiklos allein

gelesen werden, als auch — und das muß einmal offen ausgesprochen
werden, — wenn sie der physikalisch und naturphilosophisch un-
kundige Deutschlehrer behandelt. Es sollte ein Anliegen des Physik-
lehrers sein, das Problematische vieler naturphilosophischer Betrachtungen herauszustellen, vor allem aber dann, wenn er weiß, daß in den
Deutschlesebüchern, die im Gebrauch sind, derartige Abhandlungen
stehen oder sogar im Deutschunterricht gelesen werden.

Im folgenden ist der Stoffminimalplan zusammengestellt, wie er sich
aus dem bisher Gesagten ergibt. Es wurde dabei absichtlich jede
weitere Einengung vermieden; denn der Lehrer braucht in der Schule
ein genügendes Maß von Gestaltungsfreiheit.

## 8. Vorschlag für einen Minimalstoffplan

*Mechanik*

Ruhe, Bewegung, Geschwindigkeit, Beschleunigung, freier Fall,
Masse, Kraft, Grundgleichungen der Mechanik,
Impulssatz, Energiesatz,
Kreisbewegung, Keplersche Gesetze, Massenanziehungsgesetz

*Wärmelehre*

Wärme als Energieform, 1. Hauptsatz,
kinetische Theorie der Materie, Boyle-Mariottesches Gesetz,
  Gay-Lussacsches Gesetz, allgemeine Gasgleichung
Ausblick auf den 2. Hauptsatz

*Elektrizitätslehre*

Grundtatsachen der Elektrizitätslehre,
Elektrostatisches Feld,
Magnetisches Feld,
Elektromagnetisches Feld,
Begriff des Wechselstroms (Spule und Kondensator im Wechsel-
  stromkreis)

*Wellenlehre*

Schwingungen aus verschiedenen Gebieten der Physik,
Wellenlehre, Huygenssches Prinzip, Reflexion und Brechung

*Optik*

Lichtgeschwindigkeit,
Interferenz- und Beugungserscheinungen,
Polarisation,
Elektromagnetische Wellen, Wellenskala

*Atom- und Quantenphysik*

Atomare Struktur der Materie, Begriff des Atoms und Elektrons,
Schwarze Strahlung, Plancksches Wirkungsquantum, quantenphysi-
  kalische Erscheinungen,
Atommodelle von Thomson, Rutherford, Bohr, Serienspektra,
Atomkern

*Astrophysik*

Es ist selbstverständlich, daß sich der Lehrer nicht an den hier vor-
geschlagenen Gang gebunden fühlen muß, zumal ja ganz bestimmte
Gesichtspunkte für diesen Gang maßgebend waren, die man nicht
unbedingt zu bejahen braucht.

Das Wesentliche dieses Stoffplans war ja nicht der Stoff selbst, und
so ist ein Stoffplan immer eine mißliche Sache. Leider kennen die
üblichen Richtlinien nur „Stoffpläne", denen zwar einige Gesichtspunkte, die nicht mehr nur Stoff darstellen, beigefügt sind. Eigentlich
müßte in den Richtlinien ein Funktionsplan aufgestellt werden, der
den eigentlichen Bildungsgedanken zum Tragen bringt. Ein solcher
Funktionsplan läßt sich aber nur schwer schematisieren, wie man es
mit einem Stoffplan tun kann. Ich habe in diesem Kapitel versucht,
durch Herausstellung der Funktionsziele einen solchen Funktionsplan
anzudeuten. Stoffplan und Funktionsplan sollten in unauflöslicher
Verbindung miteinander stehen. Nur in dieser Verbindung durchgeführt, ergeben sie einen Bildungsplan.

Jedoch bedarf es zur Aufstellung eines Bildungsplanes der Physik
noch einiger umfassender Betrachtungen, denen wir uns im nächsten
Kapitel zuwenden wollen.

## Die Physik als Ganzes

Den Abschluß des physikalischen Unterrichtes sollten Betrachtungen bilden, die die Physik als Ganzes in ihrem Sinn und in ihrer Bildungsfunktion deutlich machen. Das kann nicht mit einigen Redewendungen in der letzten Stunde vor der Reifeprüfung geschehen; denn derartige Erörterungen bedürfen der Muße.

Vielleicht hat mancher Physiklehrer gewisse Bedenken, wenn er mit diesen Schlußbetrachtungen die eigentliche Physik verläßt, wenn nun keine Experimente mehr durchgeführt und keine physikalischen Sachverhalte mehr behandelt werden.

Bezeichnenderweise haben nur die Lehrer der Naturwissenschaften solche Bedenken. Die Lehrer der alten und neuen Sprachen treiben ja auch nicht nur Grammatik und Sprachlehre, sondern sie durchstoßen an vielen Stellen die Grenzen ihrer Fächer, ohne daß sie nun das Gefühl haben, sie verließen damit ihr eigentliches Gebiet, die Sprache selbst, und würden ihrer Aufgabe untreu, nämlich diese zu lehren. Dasselbe gilt vom Geschichtslehrer, der nicht nur Geschichte lehrt, sondern auch das Problem des Sinnes der Geschichte behandelt, des Erdkundelehrers, der auf soziologische Probleme eingeht usw.

Es geht nun keineswegs darum, daß diese Schlußbetrachtungen in ein allgemeines Gerede über die Physik und in Spekulationen über ihren vermeintlichen Sinn auslaufen, bei denen man keinen Boden mehr unter den Füßen hat.

Damit das nicht geschieht, dürfte es sich als notwendig erweisen, geeignete Quellen heranzuziehen. Von der Möglichkeit des Quellenstudiums wird im heutigen Physikunterricht nur selten Gebrauch gemacht. Man kann gegen einen derartigen Vorschlag einwenden, daß die Physik kein Buchwissen sondern Erfahrungswissenschaft ist und als solche betrieben werden müsse, daß es den Fortschritt der Naturwissenschaft geradezu gehemmt habe, als man sie — im Mittelalter — als Buchwissen und durch Schriftenstudium betrieb. Man kann

zudem darauf hinweisen, daß die meisten dieser Quellen für den
Schüler viel zu schwierig seien und neuere wissenschaftliche Arbeiten
aus dem Gebiete der Physik für ihn gar nicht in Frage kommen.

Die Einwendungen sind nur bedingt richtig. Sie betreffen nämlich nur
den falschen Gebrauch der Quelle und die für den Schüler ungeeignete
Quelle, die sein Fassungsvermögen übersteigt, ohne daß er sich
dessen bewußt wird [29].

In bezug auf diese beiden Punkte kann durch die Benutzung von
Quellen ein Funktionsziel verwirklicht werden: Wir können dem
Schüler deutlich machen, wie man Quellen benutzen und wie man
sie nicht benutzen soll und ihm die Grenzen seines Auffassungs-
vermögens zeigen, wenn er nämlich bestimmte Stellen einer solchen
Quelle nicht versteht und sich dies offen eingestehen muß.

Es geht beim Lesen dieser Quellen in erster Linie um das Textver-
ständnis, also um das sorgfältige Lesen und Interpretieren. Der
Schüler soll erfahren, wie große Naturwissenschaftler über ein
Problem gedacht haben und in welcher Weise sie die Gedanken
führen und sprachlich formulieren. Es geht erst in zweiter Linie um
eine Stellungnahme zur Quelle, die immer nur vorsichtig und
bescheiden erfolgen kann; denn der Schüler ist kein Naturforscher
und kein Naturphilosoph. Das Quellenstudium darf aber auch nicht
zur Quellengläubigkeit erziehen. Deshalb erscheint es angebracht, verschiedene Quellen zu einem Thema zu befragen, in denen die Ansichten nicht gleich, vielleicht sogar entgegengesetzt sein können.

Die Quelle hat gegenüber der freien Diskussion über ein Thema
noch einen besonderen Vorzug: Sie hält den Schüler bei der Sache,
während die freie Diskussion ihn allzu leicht verleitet, sich in allzu
kühnem Gedankenflug zu ergehen.

Nach diesen Vorbemerkungen seien nun die Themen genannt, deren
Behandlung sich mit Hilfe von Quellen empfiehlt und die die Physik
als Ganzes zum Gegenstand haben:

1. Die physikalische Erkenntnis in ausgewählten Problemen unter
   philosophischen Gesichtspunkten;

---

[29] *E. Hunger*, Von Demokrit bis Heisenberg, (Braunschweig 1958).

2. die Physik im System der Wissenschaften und ihr Verhältnis zu
den anderen Wissenschaften, z. B. der Biologie;

3. die Physik und die Technik;

4. die Physik und die nichtwissenschaftlichen Bereiche, die Grenzen
der physikalischen Erkenntnis;

5. die Physik in ihrem Verhältins zur Geistesgeschichte, die Kulturleistung der Physik;

6. Physik und Weltanschauung;

7. Physik und Menschenbild, Physik und menschliche Existenz.

Es ist sicherlich in der Schule nicht möglich, dieses aufgestellte
Programm zu verwirklichen. Gerade hier ist exemplarisches Vor-
gehen notwendig. Dafür seien zu den einzelnen Themen noch einige
Bemerkungen angefügt.

Das Problem der physikalischen Erkenntnis ist außerordentlich
schwierig und setzt einen Lehrer mit philosophischer Ausbildung
voraus. Man sollte sich bei diesem Thema weniger an die aktuellen
Stoffe halten, wie es z. B. das Problem der Kausalität darstellt,
sondern sich auf ganz einfache Gebiete beschränken, die für den
Schüler immer noch schwer genug sind. Das Problem der Naturgesetz-
lichkeit und der „Begreiflichkeit" der Natur mit Hilfe von Gesetzen
wäre z. B. ein solches Problem.

Die Physik im System der Wissenschaften ist nicht weniger schwierig
darzustellen, weil man hier auf das Problem der Kategorien zu
sprechen kommen muß. Notwendig erscheint es, das Verhältnis von
Physik und Biologie herauszustellen, zumal das Thema eine weltanschauliche Bedeutung hat (Problem des Materialismus). Es empfiehlt sich, dieses Thema in Zusammenarbeit mit dem Biologielehrer
zu behandeln.

Für das Thema „Die Physik und die Technik" gibt es im neueren
Schrifttum eine ganze Reihe von Darstellungen, unter denen freilich
kritisch auszuwählen sein wird. Man kann die außerordentlich komplexe Frage nur unter ganz bestimmten Gesichtspunkten besprechen.
Gerade bei der Behandlung des Themas sollte es dem Schüler
zum Bewußtsein gebracht werden, daß hierbei keine leichtfertige
Wertung am Platze ist. Bekanntlich werden ja für deutsche Aufsätze

Themen der Art gestellt, bei denen der Schüler zu einer Beurteilung und Wertung geradezu herausgefordert wird. Es ist erschütternd, die oft seichten und leichtfertigen Darstellungen solcher Aufsätze zu lesen. Schuld ist nicht einmal der Schüler, ihm wird einfach zuviel zugemutet; denn es dürften nur wenige Fachleute in der Lage sein, innerhalb von fünf Stunden eine Ausarbeitung zu liefern, in denen wirklich ernsthaft zu dem Problem Stellung genommen wird. Und wenn man dem entgegnet, diese ernsthafte Stellungnahme sei gar nicht der Sinn solcher Aufsätze, sondern der Schüler sollte nur einige Gedanken in sprachlich einigermaßen vernünftiger Form wiedergeben, so muß man fragen, ob es das Ziel der höheren Schule sein könne, unausgegorene Gedanken zur Darstellung zu bringen, über deren Voraussetzungen und Schwierigkeit man sich in keiner Weise orientiert hat. Man sagt mit solchen Themenstellungen dem Schüler indirekt, daß man über alles reden und schreiben könne, auch wenn man keine Fachkenntnisse besitzt und die Dinge nur aus oberflächlicher Betrachtung kennt. Demgegenüber lehren die Quellen, in welcher Tiefe die Probleme liegen und wie sorgsam sie durchdacht werden müssen.

Das vierte der genannten Themen (Die Physik und die nichtwissenschaftlichen Bereiche, die Grenzen der physikalischen Erkenntnis) ist besonders wichtig, weil es hier darzustellen gilt, daß die Physik einen Aspekt der Weltbetrachtung liefert, daß sie aber nicht die Erkenntnisform überhaupt darstellt. Es darf dabei nicht versäumt werden, auf die Grenzen naturwissenschaftlicher Erkenntnis hinzuweisen. Die Frage des Verhältnisses von Naturwissenschaft und Religion ist zwar besonders aktuell, aber auch besonders schwierig zu beantworten. Es ist nun ja leider manchmal so, das der Religionslehrer mit seinen Schülern derartige Dinge bespricht, ohne den Naturwissenschaftler heranzuziehen, ja daß er physikalische Dinge — mit besonderer Vorliebe solche der modernen Physik — heranzieht, von denen er nur aus populärwissenschaftlichen Darlegungen etwas erfahren hat. Hierin liegt eine Gefahr, der man von der Physik her begegnen muß, nicht indem man eine Beantwortung der Fragen anstrebt, sondern indem man ihre Schwierigkeiten aufdeckt. Man muß sich dabei auch wieder auf wenige Punkte beschränken.

Keineswegs sollte man solche Quellen dazu heranziehen, in denen
z. B. das Wunder eine Erklärung durch die moderne Physik erfährt.

Das Thema „Die Physik in ihrem Verhältnis zur Geistesgeschichte, die
Kulturleistung der Physik" zu behandeln, ist aus dem Grunde besonders schwierig, weil es auch in der Literatur kaum zusammenhängend
und umfassend bearbeitet worden ist, wie es etwa für die Mathematik
durch *Max Bense* in seinen beiden Bänden *Konturen einer Geistesgeschichte der Mathematik* geschehen ist. Trotzdem sollte der Schüler
erfahren, daß die Physik ein geistesgeschichtliches Phänomen ist, daß
sie das Denken und die Philosophie des Abendlandes mitbestimmt
und die abendländische Kultur mitgeformt hat. Denkelemente der
Naturwissenschaft, ihre Denkweise und ihre Denkstruktur gehen in
andere Bereiche des Denkens ein. Das kann zu einseitigen, verengten
Weltbetrachtungen führen, wie sie etwa in dem *Laplace*'schen *Dämon*
ihren Ausdruck finden, aber auch zu vertieften Einsichten leiten, wie
etwa die Auffassung der Erkenntnis bei *Heinrich Hertz.* Das seien
nur zwei Beispiele für viele andere.

Das Thema „Physik und Weltanschauung" ist in unserer heutigen
Situation von besonderer Wichtigkeit, und zwar im Hinblick auf eine
Auseinandersetzung mit dem dialektischen Materialismus. Diese
Auseinandersetzung darf nicht in oberflächlicher Weise und von vornherein von einem ablehnenden Standpunkt aus erfolgen. Es ist notwendig, ernsthaft auf die Gedanken des dialektischen Materialismus
und seine naturphilosophische Interpretation der Physik einzugehen.
Es muß gezeigt werden, daß sich von der Physik aus keine Möglichkeiten bieten, den dialektischen Materialismus zu widerlegen. Aus
der physikalischen Erkenntnis läßt sich andererseits auch keine Weltanschauung herleiten [30].

---

[30] Zum Thema Physik und dialektischer Materialismus siehe: *Gustav
A. Wetter*, Philosophie und Naturwissenschaft in der Sowjetunion,
(Hamburg 1958), mit Quellentexten und einem ausführlichen
Literaturverzeichnis.

*Edgar Hunger*, Physikunterricht und dialektischer Materialismus,
Die Pädagogische Provinz, Jahrg. 1959, Heft 3, S. 155—160.

Bei dem letzten Thema „Naturwissenschaft und Menschenbild"
handelt es sich nicht nur darum, am Lebensbild großer Naturwissenschaftler das Besondere eines solchen Lebens aufzuzeigen. Gewiß ist
das auch wichtig; aber es gilt, das Thema dahin auszuweiten, daß
man zeigt, in welcher Weise die Naturwissenschaft und die wissenschaftliche Arbeit den Menschen formen und bilden, daß sie ihn in
ganz besimmter Weise betreffen und mit seiner Existenz ver-
schmelzen. Hierbei ist auch das Eingehen auf ethische Fragen am
Platze. An diesem Thema kann in besonderer Weise herausgestellt
werden, daß physikalisches Denken und Experimentieren nicht nur
das Handhaben von wissenschaftlichen Praktiken, sondern Bildung
im eigentlichen Sinne des Wortes bedeuten; denn die Naturwissenschaft, in rechter Weise betrieben, setzt im Denken und Tun eine
Welt von Werten voraus, unter die sich der Naturwissenschaftler
stellt [31].

Die Behandlung dieses Themas soll aber mehr als nur eine gedankliche Erörterung sein; sie soll der Wegweisung dienen, indem noch
einmal gezeigt wird, wie Naturwissenschaft betrieben werden muß,
damit sie zugleich Wertverwirklichung ist. Eine solche Erörterung
wäre freilich fragwürdig, wenn nicht der ganze Physikunterricht
unter diesem Gedanken gestanden, sondern nur der Wissens-
vermittlung gedient hätte. Es wäre der schönste Erfolg eines richtig
geführten Physikunterrichtes, wenn er wenigstens einen Teil der
Schüler zu der Einsicht brächte, die *Wilpert* in dem zitierten Aufsatz
*Was ist Bildung heute?* in folgender Weise formuliert hat:

„Ich kann in einem Wertgebiet sehr viel Wissen besitzen, kann sehr
scharfsinnig seinen Bestand analysieren und kann doch von der
eigenen Verwirklichung dieses Wertbereichs recht weit entfernt sein.
Sicher setzt das Gewissen ein Wissen voraus. Aber das Wissen um
den Wert ist noch nicht das diesem Wert geöffnete Gewissen. Dazu

---

[31] *Edgar Hunger*, Die naturwissenschaftliche Erkenntnis, (Braunschweig
1957, II. Band, Der Mensch und die Naturwissenschaft.

gehört neben dem Wissen ein inneres Erleben, ein Geöffnetsein für die Schönheit des Wertes und des Wertbereichs überhaupt [32]".

Aber nicht das theoretische Verständnis dieser Sätze wäre der Erfolg, sondern der Vollzug dessen, was sie besagen.

Es liegt freilich nicht allein in der Hand des Lehrers, diesen Erfolg herbeizuführen; aber er kann dazu beitragen, wenn er selbst mehr will, als bloßes Wissen vermitteln.

---

[32] *Wilpert*, a. a. O., S. 63.

## Wissen und Bildung

Man wird sich rückblickend die Frage vorlegen müssen, ob durch
den bezeichneten Bildungsgang des physikalischen Unterrichts dem
Schüler nicht doch zuviel zugemutet wird, ob nicht nun anstelle der
Stoffülle eine Bildungsfülle aufgetreten sei, die die Schule nun erst
recht nicht mehr zu bewältigen vermag.

Die Frage wäre zweifellos zu bejahen, wenn der Funktionsplan als
Stoffplan aufgefaßt würde, den es wissensmäßig zu erledigen gilt. Es
geht beim Funktionsplan und beim Bildungsplan nicht um Wissen,
das gedächtnismäßig behalten werden soll. Der Schüler, mit dem man
etwa das Problem des Naturgesetzes bespricht, soll ja nun nicht ein
erkenntnistheoretisches Wissen erwerben oder es gar behalten, so
daß er jederzeit in der Lage wäre, über den Begriff des Naturgesetzes
zu referieren. Selbst der Naturphilosoph würde sich auf ein solches
Thema an Hand der Literatur eingehend vorbereiten, wenn er darüber
einen Vortrag halten soll. Ja, soll denn, so wird man fragen, ein
bloßer Eindruck das Bleibende sein, wenn man schon soviel Mühe
und Zeit darauf verwandt hat, den Schüler an solche Fragen heran-
zuführen?

Die Frage ist natürlich zu verneinen, wenn man unter Eindruck eine
verschwommene Vorstellung des Bewußtseins versteht. Unter Eindruck kann aber auch etwas ganz anderes verstanden werden, nämlich
ein dem Menschen Eingeprägtes, dessen Prägekraft erhalten geblieben
ist. Nicht vom Inhalt ist dabei die Rede, sondern von der Art und
Weise der Prägung.

In bezug auf das oben herangezogene Beispiel des Naturgesetzes
heißt das also etwa folgendes: Im Erfahren, was ein Naturgesetz ist,
hat der Schüler eine Denkweise kennengelernt, die er nicht mehr nur
wie eine bloße Technik handhabt, sondern deren Struktur er durch-
schauen gelernt hat. Er weiß nun, wie man naturwissenschaftlich
denken muß, er würde einem Vortrag über das Naturgesetz oder die

naturwissenschaftliche Erkenntnis folgen oder eine Abhandlung darüber lesen können. Und selbst, wenn er nicht allen Darlegungen folgen könnte, so würde er merken, wenn er dies nicht mehr kann. Er wäre weiter in der Lage, zu ermessen, wieweit man mit Hilfe dieser Denkweise seinen Standort bestimmen kann. Es handelt sich nicht etwa darum, daß der Schüler mit Hilfe der Naturwissenschaft denken lernen soll, sondern daß er ermessen lernt, was Denken heißt, daß er im Raume des Geistes seinen Horizont geweitet hat und daß dadurch auch die Gesichtspunkte seines Handelns in entscheidender Weise mitbestimmt werden. Das heißt nicht — es ist fast überflüssig, es zu sagen — daß er die Maßstäbe seines Handelns von der Naturwissenschaft her beziehen wird. Im Gegenteil: weil er weiß, was naturwissenschaftliche Erkenntnis ist, weiß er zugleich, daß sie ihm diese Maßstäbe nicht liefern kann. Die Bildungskraft des alten humanistischen Gymnasiums beruhte ja doch nicht darauf, daß der Schüler einer solchen Schule alle auf ihr erworbenen Kenntnisse der klassischen Sprachen ein Lebenlang mit sich herumtrug, sondern daß er mit einer Denkweise verwachsen war, die ihn befähigte, in den Bereichen zu urteilen und zu handeln, die er seinem Leben einbeziehen wollte oder mußte. Wenn er z. B. in rechter Weise vom sokratischen Begriff des Nichtwissens durchdrungen war, so war er sich auch der Grenzen seines Beurteilens und Handelns bewußt.

Man würde mich nun mißverstehen, wenn man das Gesagte so deuten würde, als sei das Wissen selbst eine nebensächliche Sache und des Vergessens wert. Davon kann keine Rede sein. Ein Gebildeter muß auch ein bestimmtes Maß von Wissen besitzen. Und er muß sich darüber klar sein, daß Wissen selbst nötig ist, um über das Wissen urteilen zu können. Im Falle des Naturgesetzes heißt das, er muß um solche Gesetze wirklich wissen, wenn beispielsweise von ihm verlangt wird, über das Naturgesetz zu urteilen, z. B. darüber zu reden oder zu schreiben. Er muß sich dessen bewußt sein, daß nur gediegenes Wissen ein Urteil über das Wissen möglich macht.

Es braucht freilich niemand darüber beunruhigt zu sein, daß er etwa die Gesetze des-elektromagnetischen Feldes vergessen hat. Er kann sie jederzeit wieder nachlesen. Das Vergessen von Wisssenstatsachen bedingt keine Bildungslücke. Die Bildungslücke ist ein Bruch innerhalb der Person. Es kann sie z. B. derjenige besitzen, der ein Pseudowissen für Wissen hält und jenem Maßstäbe des Beurteilens und Handelns entnimmt. Und man wird auch dann von einer Bildungslücke sprechen, wenn jemand mit seinem Wissen nichts anzufangen weiß, z. B. dann, wenn ein Urteil oder eine Entscheidung von ihm verlangt wird, und er dann aus Unfähigkeit oder Bequemlichkeit auf primitive, fragwürdige Maßstäbe der Beurteilung zurückgreift. Eine Bildungslücke liegt auch dann vor, wenn jemand sein spezielles Fachwissen verabsolutiert, d. h. wenn er glaubt, mit Hilfe dieses Wissens auch alles das beurteilen zu können, was nicht in den Bereich dieses Wissens fällt. Eine Bildungslücke ist bei demjenigen vorhanden, der nur über ein Tatsachenwissen verfügt, in schlimmster Weise aber dann, wenn er kein echt menschliches Verhältnis zu seinem Wissen besitzt, sondern nur das des „Brotgelehrten", wie ihn *Schiller* in seiner Antrittsvorlesung *Was heißt und zu welchem Ende studiert man Universalgeschichte?* charakterisiert hat. Es muß die vornehmste Aufgabe der Schule sein, daß sie Menschen heranbildet, die keine Bildungslücken besitzen, so groß ihre Wissenslücken auch sein mögen.

Wenn wir nun versuchen, die am Eingang dieses Schlußabschnitts gestellte Frage zu beantworten, ob die Bildungsfülle nicht den Schüler überfordere, so ist dazu folgendes zu sagen: Nicht darauf kommt es in der Schule an, eine Fülle von Bildungszielen anzustreben, sondern darauf, daß Bildungsziele, die erstrebt werden, auch von den Schülern innerlich bewältigt werden, und daß von ihnen auch das erkannt wird, was sie nicht bewältigt haben; daß ihnen die Nichtbewältigung vor allem dann deutlich wird, wenn etwas in den Bereich ihres Ermessens tritt — wann im Leben auch immer — , das bildungsmäßig unverarbeitet geblieben ist.

Denn Bildung ist kein Endzustand, der das zufriedene Gefühl mit sich bringt, nunmehr gebildet zu sein. Zur echten Bildung gehört die Einsicht, daß Bildung ein Prozeß ist, der nie abgeschlossen ist und der den Menschen vor immer neue Aufgaben stellt.

Nicht das kennzeichnet nun den Gebildeten, daß er wahllos alle diese Aufgaben in Angriff nimmt, wohl aber, daß er sich von denjenigen

Aufgaben gefordert fühlt, die ihn zum Menschsein hinformen, daß
er sie mit aller Bescheidenheit aber auch mit aller Verantwortlichkeit
— der Sache, sich selbst und den Mitmenschen gegenüber — zu bedenken und zu erfüllen versucht, auch dann und gerade dann, wenn
der Weg zur Erfüllung schwierig ist.

Die Physik wäre freilich überfordert und der Schüler wäre durch sie
überfordert, wenn sie unabhängig von den anderen Schulfächern in
dem hier aufgezeigten Sinne arbeiten und ihr Ziel verfolgen wollte.
Der Physiker muß sein Fach immer im Ganzen der schulischen
Bildung sehen und es in diesem Ganzen auch sichtbar zu machen
und dem Ganzen einzuordnen versuchen. Auf der anderen Seite
gehört natürlich auch dazu, daß die anderen Fächer in dem gleichen
Sinne arbeiten. Nur wenn jedes Fach sich bewußt ist, daß es nicht das
Ganze der Bildung repräsentiert, sondern immer nur Exemplum des
Bildungsganzen ist, nur dann kann der „Zerfächerung" der Schule
wirksam begegnet und die Schule zur echten Bildungsschule werden.